中国迁地栽培植物志

主编　黄宏文

【紫金牛科】

本卷主编　刘　华　肖春芬　毛世忠

科学出版社
北　京

内 容 简 介

我国植物园在紫金牛科植物的引种驯化、迁地保护过程中积累了丰富、宝贵的原始资料，在紫金牛科植物的多样性保护和资源发掘利用中发挥了重要作用。

本书收录了我国主要植物园迁地栽培的紫金牛科植物6属90种（含1变种）。物种拉丁名主要依据《中国植物志》第五十八卷和*Flora of China*第十五卷，属和种均按拉丁名字母顺序排列。首次使用的中文名后面加注“新拟”。每种植物介绍包括中文名、拉丁名、别名等分类学信息、自然分布、迁地栽培形态特征、引种信息、物候信息、迁地栽培要点和主要用途，并附彩色照片显示物种形态学特征。其中，引种信息和物候信息按植物园所处的地理位置由南往北排列。为了便于查阅，书后附有栽培于各种植物园的紫金牛科植物种类统计表、各有关植物园的地理位置和自然环境以及中文名和拉丁名索引。

本书可供农林业、园林园艺、环境保护、医药卫生等相关学科的科研和教学使用。

图书在版编目（CIP）数据

中国迁地栽培植物志．紫金牛科／黄宏文主编；刘华，肖春芬，毛世忠分册主编．—北京：科学出版社，2017.6

ISBN 978-7-03-052752-3

Ⅰ．①中…　Ⅱ．①黄…②刘…③肖…④毛…　Ⅲ．①紫金牛科－引种栽培－植物志－中国　Ⅳ．①Q948.52

中国版本图书馆CIP数据核字（2017）第099983号

责任编辑：韩学哲　矫天扬／责任校对：赵桂芬

责任印制：肖　兴／封面设计：刘新新／设计制作：金舵手世纪

科学出版社 出版

北京东黄城根北街16号

邮政编码：100717

http://www.sciencep.com

北京利丰雅高长城印刷有限公司 印刷

科学出版社发行　各地新华书店经销

*

2017年6月第　一　版　开本：889×1194　1/16

2017年6月第一次印刷　印张：16 1/4

字数：493 000

定价：198.00元

（如有印装质量问题，我社负责调换）

《中国迁地栽培植物志》编审委员会

《中国迁地栽培植物志》顾问委员会

《中国迁地栽培植物志》（紫金牛科）编者

主　　编　刘　华（中国科学院华南植物园）

肖春芬（中国科学院西双版纳热带植物园）

毛世忠（广西壮族自治区中国科学院广西植物研究所）

编　　委　李策宏（四川省自然资源科学研究院峨眉山生物站）

昝艳燕（中国科学院武汉植物园）

王　军（中国热带农业科学院热带生物技术研究所）

匡　建（中国科学院昆明植物园）

杜志坚（中国科学院华南植物园）

主　　审　胡启明（中国科学院华南植物园）

摄　　影　刘　华　肖春芬　毛世忠　李策宏　昝艳燕

匡　建　邹丽娟　陈　玲　林广旋　朱鑫鑫

惠肇祥　苏享修　徐永福　孙观灵　陈又生

冯慧喆　黄江华

数据库技术支持　张　征　黄逸斌（中国科学院华南植物园）

责任编审　廖景平　张　征　湛青青（中国科学院华南植物园）

《中国迁地栽培植物志》（紫金牛科）参编单位（数据来源）

中国科学院华南植物园（SCBG）

中国科学院西双版纳热带植物园（XTBG）

广西壮族自治区中国科学院广西植物研究所（GXIB）

四川省自然资源科学研究院峨眉山生物站（EBS）

中国科学院武汉植物园（WHBG）

中国科学院昆明植物研究所（KIB）

序

FOREWORD

中国是世界上植物多样性最丰富的国家之一，有高等植物约 33 000 种，约占世界总数的 10%，仅次于巴西，位居全球第二。中国是北半球唯一横跨热带、亚热带、温带到寒带森林植被的国家。中国的植物区系是整个北半球早中新世植物区系的孑遗成分，且第四纪冰川期因我国地形复杂、气候相对稳定的避难所效应，使我国成为植物生存、物种演化的重要中心，同时我国植物多样性还遗存了古地中海和古南大陆植物区系，因而形成了我国极为丰富的特有植物，有约 250 个特有属、15 000–18 000 特有种。中国还著有粮食植物、药用植物及园艺植物等摇篮之称，几千年的农耕文明孕育了众多的栽培植物的种质资源，是全球资源植物的宝库，对人类经济社会的可持续发展具有极其重要的意义。

植物园作为植物引种、驯化栽培、资源发掘、推广应用的重要源头，传承了现代植物园几个世纪科学研究的脉络和成就，在近代的植物引种驯化、传播栽培及作物产业国际化进程中发挥了重要作用，特别是经济植物的引种驯化和传播栽培对近代农业产业发展、农产品经济和贸易、国家或区域的经济社会发展的推动则更为明显，如橡胶、茶叶、烟草及其众多的果树、蔬菜、药用植物、园艺植物等。特别是哥伦布发现美洲新大陆以来的 500 多年，美洲植物引种驯化及其广泛传播、栽培深刻改变了世界农业生产的格局，对促进人类社会文明进步产生了深远影响。植物园的植物引种驯化对促进农业发展、食物供给、人口增长、经济社会进步发挥了不可比拟的重要作用，是人类农业文明发展的重要组成部分。我国现有约 200 个植物园引种栽培了高等维管植物约 396 科、3633 属、23 340 种（含种下等级），其中我国本土植物为 288 科、2911 属、约 20 000 种，分别约占我国本土高等植物科的 91%、属的 86%、物种数的 60%，是我国植物学研究及农林、环保、生物等产业的源头资源。因此，充分梳理我国植物园迁地栽培植物的基础信息数据既是科学研究的重要基础，也是我国相关产业发展的重大需求。

然而，长期以来我国植物园植物迁地保育缺乏标准规范、数据整理和编目研究。植物园虽然在植物引种驯化、评价发掘和开发利用上有悠久的历史，但适应现代植物迁地保护及资源发掘利用的整体规划不够、针对性差且理论和方法研究滞后。同时，传统的基于标本资料编纂的植物志也缺乏物种基础生物学研究阶段。我国历时 45 年，于 2004 年完成的植物学巨著《中国植物志》受到国内外植物学者的高度赞誉，但由于历史原因造成的模式标本及原始文献考证不够，众多种类的鉴定有待完善；*Flora of China* 虽弥补了模式标本和原始文献的考证的不足，但仍然缺乏对基础生物学特征的深入研究。

植物园提供了植物“同园”栽培条件，为植物分类学和基础生物学研究提供了丰富翔实的活体植物生长发育材料和从个体到群体的比较数据，将弥补传统植物志生物学研究的不足。《中国迁地栽培植物志》将在植物园“同园”栽培条件下，实地采集活植物的形态特征、物候信息、栽培要点等综合信息和翔实的图片，整合用途信息和评价信息，充分体现“活”植物志特点，从学科上支撑分类学修订、园林园艺、植物生物学和气候变化等研究，从应用上支撑我国生物产业所需资源发掘及利用。植物园长期引种栽培的植物与我国农林、医药、环保等产业的源头资源密切相关。由于人类大量活动的影响，植物赖以生存的自然生态系统遭到严重破坏，致使植物灭绝威胁速率增加；与此同时，绝大部分植物资源尚未被人类认识和充分利用；而且，在当今全球气候变化、经济高速发展和人口快速增长的背景下，植物园作为植物资源保存和发掘利用的“诺亚方舟”将对解决当今世界面临的食物保障、医药健康、工业原材料、环境变化等重大问题发挥越来越大的作用。

《中国迁地栽培植物志》的编研将全面系统地整理我国迁地栽培植物基础数据资料、对专科专属专类植物的规范数据库建设和翔实的图文编撰，既支撑我国植物学基础研究，又注重对我国农林、医药、环保产业源头植物资源的评价发掘和利用，具有长远的基础数据资料的整理积累和促进经济社会发展的重要意义。植物园的引种栽培植物在植物科学的基础性研究中有着悠久的历史，支撑了从传统形态学、解剖学、分类系统学研究，支撑了植物资源开发利用，为作物育种提供了原始材料，无疑将继续支撑现今分子系统学、新药发掘、天然活性功能产物等科学前沿乃至植物物候相关的全球气候变化研究。

《中国迁地栽培植物志》将基于中国植物园活植物收集，通过植物园栽培活植物特征观察收集，获得充分的比较数据，为未来分类系统学发展提供翔实的生物学资料，提升植物生物学研究基础，为植物资源新种质的发现和可持续利用提供更好的服务。《中国迁地栽培植物志》将以植物园实地引种栽培活植物形态学性状描述的客观性、评价用途的适用性、基础数据的服务性为基础，立足生物学、物候学、栽培繁殖要点和应用，以彩图翔实反映活植物的茎、叶、花、果实和种子特征，在完善建设迁地栽培植物资源动态信息平台和迁地保育植物的引种信息评价、保育现状评价管理系统的基础上，以科、属或具有特殊用途、特殊类别的专类群的整理规范，采用图文并茂的方式编撰成卷（册）并鼓励编研创新。全面收录中国大陆、香港、澳门、台湾等植物园、公园等迁地保护和栽培的高等植物，服务于农林、医药、环保、新兴生物产业的源头资源信息和源头资源种质，也将为诸如气候变化背景下植物适应性机理、比较植物遗传学、比较植物生理学、入侵植物生物学等现代学科领域及植物资源的深度发掘提供基础性科学数据和种质资源材料。

《中国迁地栽培植物志》预计将编撰约60卷册，用10–20年完成。计划于2015–2020年完成前10–20卷册的开拓性工作，同时以此推动《世界迁地栽培植物志》（*Ex Situ Cultivated Flora of the World*）计划，形成以我国为主的国际植物资源编目和基础植物数据库建设的项目引领效应。

《中国迁地栽培植物志》从2012年5月30日正式启动以来，在国际国内同行专家的关心支持下已经取得了重要进展，有木兰科（Magnoliaceae）、猕猴桃科（Actinidiaceae）、姜科（Zingiberaceae）、棕榈科（Arecaceae）、兰科（Orchidaceae）、杜鹃花科（Ericaceae）、秋海棠科（Begoniaceae）、山茶科（Theaceae）、樟科（Lauraceae）、槭树科（Aceraceae）、竹亚科（Bambusaceae）、壳斗科（Fagaceae）、蔷薇科（Rosaceae）、大戟科（Euphorbiaceae）、马兜铃科（Aristolochiaceae）、紫金牛科（Myrsinaceae）、水生植物、荒漠植物等18卷册在编研中。今《中国迁地栽培植物志》（紫金牛科）书稿付梓在即，谨此为序。

2016年9月21日于广州

前言

PREFACE

紫金牛科植物在我国的自然分布约130种，大部分种类具有很高的药用价值和独特的观赏价值。近年来，我国多个植物园相继开展了紫金牛科植物野生资源的调查、引种及栽培驯化。为了充分利用植物园“同园”实地观察的优势，获得紫金牛科植物迁地栽培的基础比较数据，我们邀请全国多个植物园共同开展紫金牛科植物的形态特征、物候观察、栽培技术等资料收集。基于植物园实地观察活体植物生长发育特征的数据，我们共同编撰《中国迁地栽培植物志》（紫金牛科）一书，以期为紫金牛科植物的相关研究提供帮助。

《中国迁地栽培植物志》（紫金牛科）主要内容包括以下部分。

一、概述部分：简要介绍紫金牛科植物的基本特征、分类与分布、利用价值与开发研究、繁殖栽培技术要点。

二、分种叙述部分：共收录紫金牛科植物6属90种（含1变种），彩色特征图片约730幅。每种植物介绍包括中文名、别名、拉丁名、自然分布、迁地栽培形态特征、引种信息、物候信息、迁地栽培要点及主要用途。

分种编写规范：

（1）拉丁名主要依据《中国植物志》第五十八卷和 *Flora of China* 第十五卷；属和种的排列顺序按拉丁名字母顺序排列。首次使用的中文名后面加注“新拟”。

（2）形态特征对照植物园迁地栽培状态下的活体植株进行描述，描述顺序依次为茎、叶、花、果。少数种类的花、果依据自然生境的形态特征描述，均标注“野外”。同一物种在不同植物园的迁地栽培形态有明显差异者，均进行客观描述。

（3）引种信息记录包括植物园＋引种省（市/县＋地点）＋引种材料＋登录号/引种号；缺乏登录号/引种号时，注明引种年份；引种记录不详的，标注为“引种记录不详”。植物生长速度和长势在引种记录之后，以句号与引种记录分开。

（4）物候按萌芽期、展叶期、开花期、果熟期、果落期顺序编写。

（5）彩色特征图片大部分为植物园迁地栽培条件下拍摄，包括植物的整株景观及叶、花、果，少数来源于自然生境的，均标注“野外”；同一物种在不同植物园的迁地栽培形态有明显差异者，均附有特征照片。

（6）引种信息和物候信息按植物园所处的地理位置由南往北排列，分别为中国科学院西双版纳热带植物园（简称版纳植物园）、中国科学院华南植物园（简称华南植物园）、中国科学院昆明植物研究所昆明植物园（简称昆明植物园）、广西壮族自治区中国科学院广西植物研究所桂林植物园（简称桂林植物园）、四川省自然资源科学研究院峨眉山生物站（简称峨眉山生物站）、中国科学院武汉植物园（简称武汉植物园）。

三、为便于读者进一步查对，书后附有栽培于各种植物园的紫金牛科植物种类统计表、各有关植物园的地理位置和自然环境以及中文名和拉丁名索引。

本书在编写过程中，承蒙中国科学院华南植物园胡启明教授鉴定疑难标本，审阅文稿，使本书编撰人员受益匪浅。同时，本书得以出版，有赖于全国多个植物园共同努力与团结协作，在此谨向为本书付出心血的单位和个人表示最诚挚的感谢！

由于编撰水平有限，书中错误在所难免，谨请读者在使用过程中提出宝贵意见！

作者

2016 年 11 月

目录

CONTENTS

概述

SUMMARY

一、紫金牛科植物的基本特征

株形 紫金牛科植物为常绿灌木、大灌木、亚灌木或小乔木，其中酸藤子属（*Embelia*）植物多为攀缘状灌木或藤本。茎通常为圆柱形，少数具棱，直立、外伸、匍匐或极为短缩，木质、肉质，叶痕明显，光滑、粗糙或具明显的皮孔，有时被鳞片或幼嫩部分被毛。

1. 圆果罗伞（灌木）；2. 密花树（小乔木）；3. 紫金牛（亚灌木）；4. 当归藤（藤本）

叶紫金牛科植物的叶是属间及很多种间相互区别的重要依据之一。叶坚纸质至革质，少数膜质或肉质。单叶互生，无托叶。属间叶形不同之处归纳为，蜡烛果属（*Aegiceras*）叶无毛，无腺点，叶全缘，近枝顶端叶对生。紫金牛属（*Ardisia*）叶常具不透明腺点，属下高木组和顶序组叶全缘，无边缘腺点；短序组和腋序组叶全缘，边缘微波状；圆齿组叶缘具圆齿，齿间具边缘腺点；锯齿组叶缘具锯齿或啮蚀状细齿，无边缘腺点。酸藤子属（*Embelia*）叶无腺点，属下酸藤子组和离瓣组叶全缘；腋序组叶具锯齿，稀全缘；短序组叶二列，稀轮生。杜茎山属（*Maesa*）叶常具脉状腺条纹或腺点，全缘或具各式齿，齿间无腺点。铁仔属（*Myrsine*）叶无毛，叶缘常具刺状锯齿，叶柄常下延至小枝上，使小枝呈一定的棱角。密花树属（*Rapanea*）叶无毛，全缘，叶背具腺点，多集中在边缘处。

1–3. 紫金牛属叶类型；4–6. 杜茎山属叶类型；7–9. 酸藤子属叶类型；10. 蜡烛果属叶类型；11. 铁仔属叶类型；12. 密花树属叶类型

花紫金牛科植物的花较小，长度通常在1cm以下。花整齐，辐射对称，覆瓦状、镊合状排列或螺旋状排列，通常5数或4数，极少数为6数；花冠白色、淡绿色、淡黄色、粉红色或紫色，形状有钟形、管状钟形、盘形或碟形，通常仅基部连合成管，少数近分离，常具纵肋和腺点。雄蕊与花冠裂片对生，贴生于花冠上，花药常基部着生，在雌花中雄蕊常退化；雌蕊1枚，在雄花中常退化，花柱单生，圆柱形，柱头点尖或分裂，扁平、腊肠形或流苏状。小花排成顶生、腋生或簇生于短枝上的伞形花序、伞房花序、聚伞花序、总状花序或圆锥花序。

1-9. 紫金牛科花特写；10-13. 紫金牛科各式花序

果紫金牛科植物的果实有三种类型：一是以蜡烛果属为代表的蒴果，形状弯曲如新月，成熟后果皮淡绿色，果肉脆硬，种子1粒，种子与果同形，胚圆柱形，弯曲；二是以紫金牛属、酸藤子属、铁仔属、密花树属为代表的核果，球形或近球形，成熟后果皮多数为红色，个别为黑色，果肉柔嫩多汁，内果皮坚脆，种子1粒，球形或近球形，胚圆柱形，横生或直立；三是以杜茎山属植物为代表的肉质浆果或干果，其形状近球形，成熟后果皮米黄色，内有多而细小的种子，种子具棱角。

1–2. 蒴果和胚轴；3–5. 肉质浆果和种子；6–9. 核果和种子

二、紫金牛科的分类学处理和地理分布

分类：传统的分类观点认为，紫金牛科（Myrsinaceae）与Theophrastaceae、报春花科（Primulaceae）属于报春花目（Primulales）。紫金牛科为R. Brown于1810年提出作为一个独立的自然目（Order），名称为Myrsineae，同年Jussieu（1810）提出用Ardisiaceae，再到1844年由A. de Candolle确定为科（Family）Myrsinaceae，并在科下分为两个亚科（Subfamily），即Eumysineaceae和Ardisieae。J. Hutchinson（1959）在其《有花植物科志》（*The Families of Flowering Plants*）一书中，承C.L. Blume的观点将蜡烛果属独立为蜡烛果科（Aegicerataceae），并把紫金牛科、Theophrastaceae及蜡烛果科从报春花目分出，另立紫金牛目（Myrsinales），在系统位置上与报春花目相距甚远，因而这一方案并不为后来学者接受。有关亚科的划分历经多次修订，其中Wight（1850）主张分为三个亚科，即Maeseae、Embelieae和Ardisieae；Bentham和Hooker（1873）和C.B. Clarke（1882）则主张将Theophrasteae亚科分出，将Embelieae和Ardisieae合并为Eumysineae；F. Pax（1891）主张将蜡烛果属（*Aegiceras*）分出，独立为蜡烛果亚科（Aegiceratoideae），将该科划分为4个亚科，即Maesoideae、Myrsinoideae、Aegiceratoideae和Theophrastoideae；而C. Mez（1902）和E.H. Walker（1940）主张将杜茎山属（*Maesa*）以外的所有属都归入Myrsinoideae亚科中；日本学者Nakai（1941）也主张划分为4个亚科，即Maesoideae、Myrsinoideae、Embelioideae和Ardisioideae，但其分类方案多不为后来学者接受；A. Engler（1964）在其《植物各科概要》（*Syllabus de Pflanzenfamilien*）一书中重申了F. Pax的观点，将蜡烛果属列为蜡烛果亚科，与Myrsinoideae和Maesoideae并列；陈介（1979）和Takhtajian（1981）也沿用了F. Pax的观点，但主张将Theophrastoideae独立为科Theophrastaceae。1902年，德国植物学家Carl Mez对全球紫金牛科植物进行了全面的整理，在其专著中共记载32属931种，分别隶属于两个亚科：杜茎山亚科（Maesoideae）和紫金牛亚科（Myrsinoideae）。杜茎山亚科下仅有一个属，即杜茎山属，紫金牛亚科下又划分为两个族（Tribe）：Ardisieae和Myrsineae，在族下分属（Genus），属下又分亚属（Subgenus）。以紫金牛属（*Ardisia*）为例，Mez划分了14个亚属，其中9个亚属分布于亚洲，5个亚属分布于美洲，构建了该属属下分类群的基本框架，为系统学和分类学研究奠定了基础。Pitard（1930）在对中南半岛的紫金牛科植物修订中，将Mez的亚属概念全部改为组（Section），并做了修订，如强调紫金牛属圆齿组（Sect. *Crispardisia*）的关键性状为，"叶边缘具腺点"，并将原锯齿亚属（Subgen. *Bladhia*）中莲座紫金牛（*Ardisia primulifolia*）等4种归入圆齿组。E.H. Walker（1940）沿用了组的概念，最早对东亚紫金牛科植物进行全面的修订和增补，自1937–1942年发表了一系列论文。他将东亚紫金牛科划分为6个属，即杜茎山属、蜡烛果属、紫金牛属、酸藤子属（*Embelia*）、铁仔属（*Myrsine*）和密花树属（*Rapanea*），共收录101种，存疑种（uncertain species）31种，将紫金牛属属下划分为6个组，即高木组（Sect. *Tinus*）、腋序组（Sect. *Akosmos*）、顶序组（Sect. *Acrardisia*）、短序组（Sect. *Primelandra*）、圆齿组（Sect. *Crispardisia*）和锯齿组（Sect. *Bladhia*），将酸藤子属划分为4个组，即酸藤子组（Sect. *Embelia*）、腋序组（Sect. *Heterembelia*）、短序组（Sect. *Micrembelia*）和Sect. *Embeliopsis*，这一分类方案也基本被陈介所沿用。最早对日本紫金牛科进行全面整理的是由T. Makino和K. Nemoto出版的《日本植物志》（*Flora of Japan*），而最有用的处理要属T. Nakai，他主张用*Bladhia*替代*Ardisia*作为紫金牛属的属名，日本学者也倾向于用这一名称，但他们没有意识到亚洲紫金牛属植物与美洲的同为一属，*Ardisia*早已出现作为属名。最早对中国紫金牛科进行处理的是G. Bentham于1861年出版的《香港植物志》（*Flora Hongkongensis*），此后学

者 Forbes 和 Hemsley（1889）、Leveille（1911）、H. Handel-Mazzetti（1936）又发表了大量的种类和做了分类学处理。1979 年陈介编著《中国植物志》第五十八卷（紫金牛科）时，在 E.H. Walker 的属下等级划分的基础上将杜茎山属进一步划分为 2 个组，即杜茎山组（Sect. *Maesa*）和长管组（Sect. *Doraena*），对酸藤子属下等级进行了修订，将 Sect. *Embeliopsis* 中多花酸藤子（*Embelia floribunda*）归入酸藤子组，并将该单种组撤销，依据原短序组酸藤子（*E. laeta*）及后发表的种类建立离瓣组（Sect. *Choripetalum*）。《中国植物志》第五十八卷共记载我国紫金牛科植物 6 属，129 种，18 变种。B.C. Stone 自 1982–1993 年对马来半岛的紫金牛属植物做了大量的分类修订及新类群发布工作，仅紫金牛属就使其增加到 300 种。胡启明自 1992–2004 在中南半岛及亚洲紫金牛科的分类学修订上作了大量贡献，整理归并发表了许多种类，并与 J.E. Vidal 共同编写了《柬埔寨、老挝、越南植物志》（*Flore du Cambodge, du Laos et du Vietnam*）32 卷之紫金牛科。杨远波（1989–1999 年）对台湾紫金牛属植物做了全面的整理，并对锯齿亚属做了进一步的划分，列举了 24 种，亚属下分为 2 个组，组下又设立 5 个亚组（Subsection）。1996 年出版的 *Flora of China* 第十五卷（陈介和 John J. Pipoly III）采用了广义种的概念，做了大幅的修订和补充，属下未划分等级，归并了大量变种（Varieties）和种（Species），共收录了 120 种，并将密花树属（*Rapanea*）并入铁仔属（*Myrsine*）。Mez（1902）将很多密花树属的种类归入铁仔属，使得新旧世界均有该属分布，然而这一处理并不为所有学者接受。王军（2010）的分子系统学初步研究表明，支持此二属的合并，但这一处理尚需更多的证据。杜茎山属一直被认为是紫金牛科中的一个族或亚科（A. de Candolle，1834，1844；Pax，1889； Mez，1902；Cronquist，1981；Takhtajan，1997）， 此后 A. de Candolle（1841）和 Janssonius（1920）都曾提出将杜茎山属独立为一个科，但都未获得广泛的接受。Anderberg 和 Ståhl（1995）从形态学分支分析和解剖学研究认为杜茎山属不应归于紫金牛科而应独立为一个科，此后一些学者从分子方面找到了证据（Morton et al.，1996； Anderberg et al.，1998），Anderberg 等（2000）利用形态和分子证据将杜茎山亚科提升为杜茎山科（Maesaceae）并与 Theophrastaceae、紫金牛科、报春花科并列存在于广义杜鹃花目中，而在 APG（2009）系统中，紫金牛科、杜茎山科和 Theophrastaceae 都被包括在广义的报春花科内，但这一处理并不为广泛接受。对于美洲新热带区的紫金牛科植物，Pipoly、Ricketson、Morales 等近年来（1997–2005 年）做了大量的分类修订和新类群发布等相关研究。在本书中，亚科与属的划分仍与《中国植物志》保持一致。

分布：紫金牛科植物全球约 42 属 2200 余种（Chen and Pipoly，1996），主要分布于热带和亚热带地区。我国有 6 属约 130 种，主要生长在长江流域以南地区的常绿阔叶林下、山坡、路边灌丛中、石缝间、沟边等荫蔽潮湿地。

紫金牛科植物在国内各省的分布并不均衡，云南、广西、广东和海南 4 个省区拥有量分别占全国紫金牛科总类的 49.6%、46.9%、30.8%、20%。其他省区的紫金牛科种类均在 20% 以下，西藏最少，仅有 7 个种 1 个变种。吴征镒（1965）曾提出中国南部、西南部和中南半岛北纬 20°–40° 是东亚和北温带植物区系的发源地，因而在植物种类和古老性上均具有优势。王荷生（1985）指出，中国植物区系在世界植物区系中占有重要地位，不仅体现在数量上，更体现在特有性及古老性方面，中国植物区系仅次于世界上植物区系最丰富的地区——巴西和马来西亚而位居世界第三位。这从某种程度上能够初步解释云南、广西、广东、海南 4 个省区拥有紫金牛科不仅在数量上，而且在植物种类多样性上均占有优势地位。

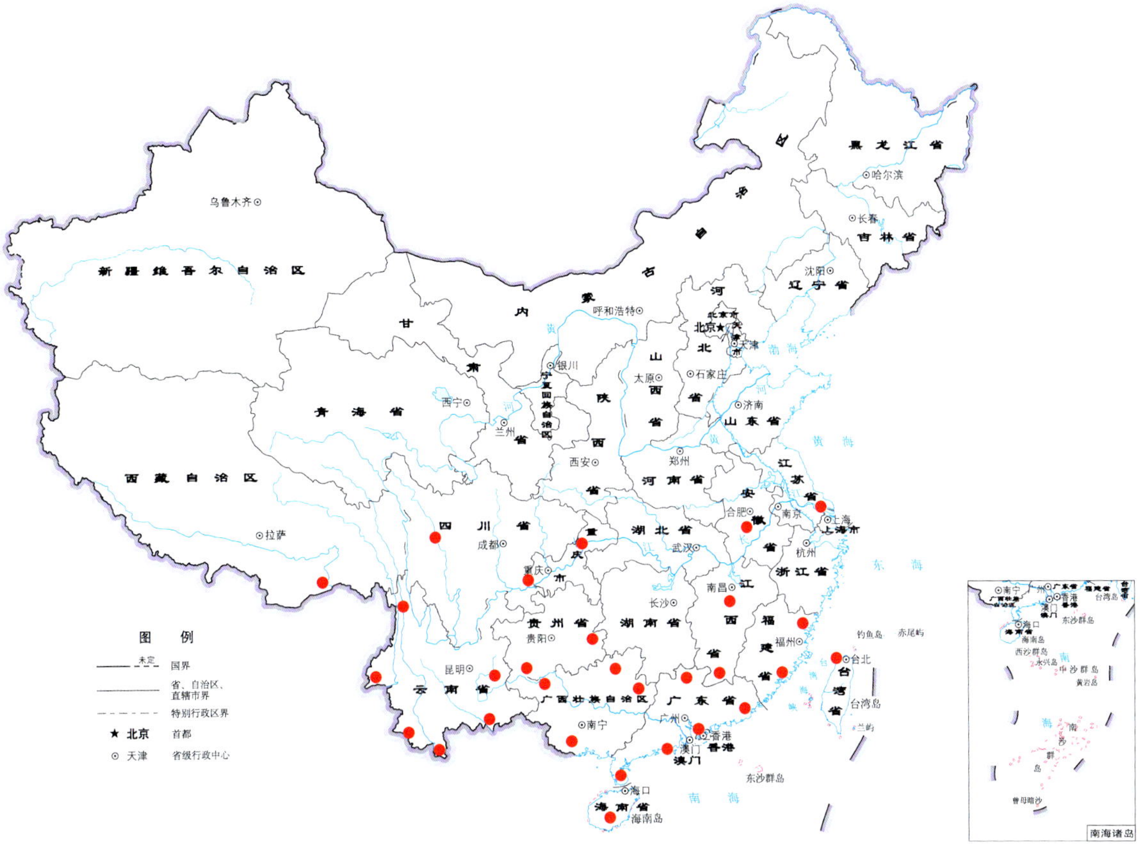

紫金牛科中国分布示意图

蜡烛果属全球有 2 种，分布于亚洲、大洋洲的热带海岸泥滩地带，为红树林建群种。我国有 1 种，产于东南部至南部海边。

紫金牛属全球 400-500 种，分布于热带美洲、太平洋诸岛、印度半岛东部及亚洲东部至南部，少数分布于大洋洲，我国产近 70 种，分布于长江流域以南地区。

酸藤子属全球约 140 种，分布于东半球热带和亚热带地区，我国有 20 种，产于东南至西南部。

杜茎山属全球约 200 种，主要分布于东半球热带地区，我国有近 30 种，产于长江流域以南各省。

铁仔属全球 5-7 种，分布于非洲和亚洲的热带和亚热带地区，我国有 4 种，产于长江流域以南地区。

密花树属全球近 200 种，分布于热带和亚热带地区，我国有 7 种，产于南部沿海各地。

三、紫金牛科植物的利用价值与开发研究

紫金牛科植物大多数种类可供药用和观赏。

1. 药用价值

自宋代《图经本草》记载本科植物药用以来已有900多年的历史，入药种类多，药效明显，具有广泛的民间应用基础。例如，紫金牛属的走马胎（*Ardisia gigantifolia*）在治疗跌打损伤方面有特殊功效，广东民间流行有“两脚迈不开，不离走马胎”的说法；酸藤子属的当归藤（*Embelia parviflora*）因药性类似于传统妇科中药“当归”而得名，其根茎老藤是妇科良药，可治疗月经不调、白带增多和不孕症，在广西有“懂得筛其蕴，不愁不生养”之说。

近年来，随着波谱解析技术的提高，人们对紫金牛科植物的化学成分和药理作用进行了大量的研究，发现越来越多紫金牛科植物特别是紫金牛属植物中含有岩白菜素、醌类、酚类、黄酮类及三萜皂苷类等多种活性成分，证明紫金牛科多种植物有止咳平喘、抗炎抑菌、抗病毒、抗肿瘤和驱虫杀虫作用，具有很高的药用价值。Kobayashi 和 Mejia（2005）对紫金牛属多种植物的化学成分、药效部位、生物活性、药理作用等方面做了较为详细的整理和研究，指出该属植物可作为潜在的药物资源。酸藤子属在我国广西民间广泛应用，特别在驱虫、跌打损伤等

走马胎

当归藤

方面具有很好的疗效，其主要化学成分有糖类、苷类、皂苷、酚类、鞣质、黄酮类、有机酸类、三萜类、甾体类、挥发油及油脂等成分。目前研究广泛的种类有当归藤、酸藤子（*Embelia laeta*）、大叶酸藤子（*E. subcoriacea*）和白花酸藤果（*E. ribes*）等。蜡烛果属植物民间常用其树皮和树叶熬汁治疗哮喘、糖尿病和风湿等疾病，含有苯醌类、杂环烯类、萘醌类、黄酮类、脂肪酸类、苯甲酸类、甾体以及三萜类化合物，具有抗炎、抗氧化、抗菌、抗肿瘤、抗虫、抗生育、镇静等生物活性。从杜茎山属植物中分离鉴定的化学成分主要包括苯醌衍生物、三萜皂苷等，主要的药理活性包括抗病毒、抗菌、溶血等作用，另外还具有消炎、止痛、退热、镇静等作用。目前已有研究的种类有杜茎山（*Maesa japonica*）、包疮叶（*M. indica*）、鲫鱼胆（*M. perlarius*）等 7 种。到目前为止，对铁仔属和密花树属的药用研究较少，仅对铁仔（*Myrsine africana*）和光叶铁仔（*M. stolonifera*）进行了研究，主要的化学成分包括叶中含有杨梅酮、槲皮素、山柰酚和没食子酸；果实中含有苯醌类衍生物；茎中含有黄酮类，具有抗菌和杀虫活性。

2. 观赏价值

紫金牛科植物适应性强，耐阴性好，是林下植物配置佳品。紫金牛属多数种类株形紧凑、高度适中，观赏类型多样，可观果、观花、观叶，亦可花果叶并观。果实红艳夺目、玲珑可爱的观果种类有硃砂根（*Ardisia crenata*）、尾叶紫金牛（*A. caudata*）、白花紫金牛（*A. merrillii*）、矮紫金牛（*A. humilis*）等；叶片翠绿，或肥厚，或精致，或奇特的观叶种类有虎舌红（*A. mamillata*）、紫金牛（*A. japonica*）、粗茎紫金牛（*A. dasyrhizomatica*）、月月红（*A. faberi*）、短柄紫金牛（*A. ramondiiformis*）等；花序密集，姹紫嫣红，令人赏心悦目的观花种类有铜盆花（*A. obtusa*）、百两金（*A. crispa*）、矮紫金牛（*A. humilis*）等。酸藤子属多为藤本或攀缘灌木，茎造型可塑性强，宜作为花架材料或园林配置，垂吊效果更佳，花娇小玲珑，果熟时有如一粒粒璀璨的串珠，甚是惹人，如酸藤子（*Embelia laeta*）、平叶酸藤子（*E. undulata*）、白花酸藤果（*E. ribes*）、多脉酸藤子（*E. oblongifolia*）等，再如当归藤，叶细小可爱，平铺成片，点缀红果小花，美不胜收。铁仔属适宜做盆栽观赏，亦可林下丛植，如铁仔（*Myrsine africana*）、针齿铁仔（*M. semiserrata*）等。密花树属多为小乔木或大灌木，果柄极短，花如满天的星星，果如璀璨的珍珠包裹枝干，微风拂动，醉眼其中，宜作为行道树或绿化树种。杜茎山属叶片茂盛，枝条平展外伸发枝力强，耐修剪，适合做庭院绿篱，如鲫鱼胆（*Maesa perlarius*）、金珠柳（*M. montana*），有些种叶片宽大光亮，观赏性强，除了做绿篱外，也适合做观叶植物供观赏，如腺叶杜茎山（*M. membranacea*）、网脉杜茎山（*M. reticulata*）、毛杜茎山（*M. permollis*）。

3. 经济价值

紫金牛科植物除了具有药用、观赏价值外，有些种类还具有其他的经济价值，如蜡烛果（*Aegiceras corniculatum*）树皮含肉质，可提取栲胶；是海涂上重要的蜜源植物，花粉产量高，营养成分全面；叶片具泌盐机制，能够在盐度高的滩地栽种成活，是滩地造林、防浪护堤的优良树种。酸藤果是酸藤子属植物所结果实，如酸藤子（*Embelia laeta*）、白花酸藤果（*E. ribes*）、长叶酸藤子（*E. longifolia*），它们的果肉和果皮含有大量的花色素、酸藤果色素，对人体无毒，含有一定的营养价值，是一种具有开发前景的天然植物色素。密花树属的密花树（*Myrsine seguinii*）木材坚硬，可制作车杆车轴，也是优良的薪炭柴。

4. 开发研究

紫金牛科植物较高的药用、观赏价值逐步引起人们的关注，各研究机构和研究学者，多年来投

1-3 观花型：铜盆花、百两金、矮紫金牛；4-6 观果型：尾叶紫金牛、白花紫金牛、矮紫金牛；7-9 观叶型：粗茎紫金牛、紫金牛、短柄紫金牛

海边滩涂成片的蜡烛果林地是良好的蜜源地

入大量人力物力从事紫金牛科植物的研究。广东、广西、云南、福建、江西等地对本地的紫金牛科野生资源进行了调查；华南植物园、版纳植物园、桂林植物园、武汉植物园、峨眉山生物站等单位相继开展了紫金牛科植物的迁地保护。

中成药“走川骨刺酊”的主要原材料走马胎

分类和系统理论方面，除染色体、花粉形态、果实微形态等研究外，已深入到分子生物的研究。在应用方面，开展了走马胎、硃砂根、红凉伞、九节龙、九管血、百两金、紫金牛、块根紫金牛、虎舌红、小紫金牛、少年红等的化学成分及药理病理的研究，基本探明了研究对象的主要化学活性成分及药理作用。有些研究成果已经进入临床应用阶段，如硃砂根总皂苷抗肿瘤药研究1997年被列入科技部/10350工程，现已获得国家药品监督管理局批准，进入临床实验阶段；走马胎也成为广西产治疗风湿性关节炎中成药“走川骨刺酊”的主要原料药材之一。随着技术的进步、仪器设备的更新换代，紫金牛科植物新的活性成分将不断地被发现，特别是一些新抗癌和抗病毒活性成分的发现，对于癌症及艾滋病等的治疗提供了新的思路，也为病患者带来了福音。在人工栽培方面，紫金牛科植物栽培历史不是很长，从20世纪90年代末开始，随着硃砂根和虎舌红在1999年昆明世博会上获得优秀观赏植物大奖后，紫金牛科特别是紫金牛属植物的栽培技术研究悄然兴起，至今已开展了仿野生栽培技术、播种、扦插和组培快繁技术及病虫害防治技术的研究。在新品种选育方面，中国科学院植物研究所华西亚高山植物园从紫金牛属虎舌红的自然变异类型中选育出了‘红宝石’、‘绿宝石’植物新品种，中国科学院华南植物园从紫金牛属小紫金牛（*Ardisia chinensis*）的自然变异类型

“中科紫金 1 号”植物新品种耐阴性强，是优良的林下地被品种

中选育出‘中科紫金 1 号’植物新品种，三个新品种均在国家林业局植物新品种保护办公室登记注册，为紫金牛科植物的开发利用提高了竞争力。

四、紫金牛科植物的繁殖与栽培管理

紫金牛科植物按生态习性分为两类：一类为生长在海边污泥滩涂地带的红树林植物，即蜡烛果属植物蜡烛果；另一类为生长在常绿阔叶林下的非红树林植物，即紫金牛属、酸藤子属、杜茎山属、铁仔属、密花树属植物。两类植物生长环境差异较大，繁殖栽培方法不同。蜡烛果属植物分布少，全世界只有 2 种，这类红树林植物的繁殖栽培要点在分种中单独介绍。紫金牛属等非红树林植物在生态学特性、繁殖栽培方面有很多共同之处，本节主要介绍这 5 属植物的繁殖栽培要点。

（一）繁殖技术要点

朱砂根种子的胎萌现象

有性繁殖，即种子繁殖，是紫金牛科植物主要的繁殖方法。成熟饱满的紫金牛科植物种子在适宜的环境下播种可获得较高的发芽率。若无法采收到种子，可采用无性繁殖方法来辅助繁殖。目前常用的无性繁殖方法有扦插和压条繁殖，嫁接和组培繁殖较少采用。

1. 有性繁殖

种子采收：紫金牛科植物的种子通常在 8-12 月陆续成熟。当果皮由青绿色转为红色、紫黑色或黄褐色，果肉变软，内果皮变坚硬时，表示种子成熟即可采收。紫金牛属植物的果实挂果时间长，很多留树过冬的果实翌年4-5月会在树上自行萌发，这种胎萌现象比较常见。虽然采摘越冬的种子有较高的发芽率，但因果皮鲜艳，果肉丰富，极易招鸟类啄食而难以采收足量的种子。因此，在果皮颜色开始变鲜艳，内果皮初变硬时便可采摘果实。

种子处理：新鲜成熟饱满的紫金牛科植物果实采摘后，可不去除果肉即可播种，这种方法虽然方便，但种子发芽不整齐，发芽时间较长。为了利于种子萌发和贮藏，果实采摘后应将果肉及时去除。将果实浸泡于水中，待果肉软化后揉搓果实，使果肉与种子分离，漂去果肉和干瘪的种子，得到饱满干净的种子阴干待用。

种子贮藏：紫金牛科植物种子在常温、干燥环境或不经处理直接放入冰箱冷藏室中贮藏容易发生霉变，使种子丧失活力。采用低温层积沙藏能长时间保存种子，还可获得较高的发芽率。低温层积沙藏种子的容器可选用密封罐或具备盖子的容器。在贮藏前，先用800倍多菌灵药液浸种15min，然后准备沙子，沙子用多菌灵消毒，沙子的含水量以手捏成团、放手即散为准。在容器底层先铺一层厚度为5-10cm的湿沙，然后将种子和沙按1∶3比例分层交替堆积，最后覆盖一层厚度为5-10cm的湿沙，盖上盖子。贮藏温度控制在0-5℃。贮藏期间要经常检查种子情况，发现种子发霉或发芽，种子温、湿度过高或过低时应及时处理。

播种：紫金牛科植物种子发芽适温为18-25℃，低于15℃或高于30℃均不利于种子萌发。在适宜的温度下播种，35天左右形成幼根，40天左右子叶出土，50天左右形成幼苗，幼苗在7月以前生长缓慢，7月中旬至9月为幼苗速生期。从不同时期的生长变化，可以推测紫金牛科植物生长速度与温度、光照有很大关系。因此，最好选择在春季播种，以获得较高的年生长量。播种基质要透气和

播种后萌发状况

保水性好，一般选用河沙或泥炭土或6份河沙加4份泥炭土混合。播种深度视种子大小而定，如紫金牛属核果类的种子较大可适当深播，深度2–3cm，而杜茎山属浆果类的种子细小可适当浅播，深度约为1cm。播种后用谷壳或河沙或河沙与泥炭土混合物覆盖种子，并加以70%–80%的遮阴。

播后管理：播种后的日常管理关键是水分和遮阴，要始终保持土壤湿润。幼苗出土后病虫害较少，大都长势强健。幼苗期的管理主要还是水分控制，土壤不可过干过湿，防止幼苗枯萎或猝倒。当幼苗长出3–4片真叶时，炼苗一周后，将苗移栽上盆或上袋。营养土要求肥沃、疏松和透水，可用3份泥炭土、1份椰糠、1份珍珠岩，或7–8份壤土（塘泥、腐殖土、老园土、大田土）、1–2份粗沙、1–2份腐熟的有机肥与枯枝落叶的混合物配置成营养土。幼苗移栽后注意遮阴、浇水和施肥，苗期极少发生病虫危害。

营养钵育苗

2. 无性繁殖

扦插：在适宜的条件下，大多数紫金牛科植物利用扦插繁殖可形成根和芽长成新个体。扦插时间以春秋两季效果较好，此期温度适宜，雨量充沛，植株生长旺盛，插穗材料丰富。

枝插：选择1–2年生半木质化枝条作为插穗比嫩枝和全木质化枝条容易生根。插穗长度根据枝条情况而定，以含2–5个节为宜，不留叶或留1/3叶片。为提高生根率，扦插前用3000倍的“802”植物生长调节剂浸泡插穗30min，然后插穗基部再蘸上含有生根粉的泥浆进行扦插。有报道称用激素IBA 500–1000mg/kg浸渍插穗基部1–2h，生根效果也很好。扦插基质要求保水透气，可采用珍珠岩或粗沙或草炭土，也可用黄土扦插（多用于扦插杜茎山属植物），用草炭与河沙按1∶1混合扦插紫金牛属植物可获得较高的扦插生根率。扦插前用多菌灵等杀菌剂处理扦插基质。插穗深度：含2个节的枝条，埋1留1，含3个节的枝条，埋2留1。

叶插：叶片较大较厚，有一定韧性的种类可用叶片扦插，如粗茎紫金牛（*Ardisia dasyrhizomatica*）、短柄紫金牛（*A. ramondiiformis*），个别种的叶片薄而脆也容易扦插生根，如紫金牛（*A. japonica*）。采集的叶片保留叶柄，叶面朝上，叶柄倾插入沙内，深度以埋住主脉和部分侧脉为好。对于厚而大的叶片可切成小块，同样斜插埋住部分叶脉也可生根。

枝条扦插及发根状

叶片扦插及发根状态

扦插生根适宜的温度是 20–25℃，湿度是 80%–90%。扦插后的管理关键是温、湿度的控制。初春扦插，温度较低，应在具有保温措施的温室内进行。夏季扦插，温度过高，秋季扦插，空气干燥湿度低，可通过加盖遮阳网和喷水喷雾降低温度和提高空气湿度。总之，扦插基质和插穗要始终保持湿润状态。经过 65–80 天的精心管理，插穗长出根系并萌发侧芽，此时可上盆移栽。移栽的营养土同播种育苗营养土一致。

压条：紫金牛科植物多采用普通压条法，较少采用高压法。对于植株矮小近蔓生或近藤本，匍匐性或攀缘性强的种类采用普通压条繁殖法不仅操作方便，而且成活率高，如紫金牛属的矮短紫金牛（*Ardisia pedalis*）、九节龙（*A. pusilla*）、小紫金牛（*A. chinensis*）和酸藤子属的多脉酸藤子（*Embelia oblongifolia*）、平叶酸藤子（*E. undulata*）、酸藤子（*E. laeta*）等。对于植株直立，枝条离地面较远，弯曲后易折断的种类采用普通压条繁殖法虽然能生根，但因操作不便且浪费材料，不建议采用。

普通压条繁殖法一年四季均可进行，但以春季至秋季为好。将茎或枝条的中部压弯紧贴地面后，用疏松透气的土壤埋住并压实，注意露出顶端枝条 15–30cm。在埋土之前，枝条贴地部位的叶片去掉后需用刀做环状剥皮 1–2cm 以利生根。蔓生茎去掉叶片即可，无须做环状剥皮。压条后的管理关键是始终保持土壤湿润，经常检查压入土中的枝条是否露出地面，有露出地面的及时埋土。一般压条 3 个月左右即可生根，待根系较多后即可分割成新植株并移栽。

组培：利用组织培养可以在短时间内获得大批量的无病毒新植株，但在紫金牛科植物繁殖方面运用较少。迄今为止，国内紫金牛科植物组织培养的研究报道主要集中在紫金牛属植物，如虎舌红（*Ardisia mamillata*）、硃砂根（*A. crenata*）、紫金牛（*A. japonica.*）、九节龙（*A. pusilla*）、堇叶紫金牛（*A. violacea*）5 个种，其他属植物未见报道。利用虎舌红、硃砂根、紫金牛等植物的茎尖、顶芽、腋芽、半木质化茎段，在无菌和适当的人工培养基、光照、温度等人工条件下，能诱导出愈伤组织、不定芽、不定根，最后形成完整的植株。

扦插苗

压条及萌发新叶

（二）栽培技术要点

根据紫金牛科植物的生态习性，构建与其相适应的生境条件（光照、土壤、温度等），做好水肥、病虫害防治等管理措施，才能取得引种栽培工作的成功。

华南植物园紫金牛科植物定植地

桂林植物园紫金牛科植物定植地

1. 定植地选址

紫金牛科植物野外的生境气候温和、雨量充沛，年平均气温 18-22.7℃，年平均降雨量 1400-1941mm。通常生长在疏、密林下的山谷、山坡、林缘、沟边等荫蔽通风的地方。根据紫金牛科植物喜荫蔽，不耐强光直射的特点，定植地应选择有高大常绿树种，遮阴率达 65%-80% 的林下或沟边。无林地条件，可搭建遮阴棚，并加装喷雾装置。除了荫蔽通风条件，定植地还应有灌溉设施，以满足植物在炎热夏季和干燥时节对水分的需求。

2. 定植地土壤要求

紫金牛科植物适宜生长在腐殖质含量丰富、疏松透气、不易板结，pH5.5-6.5 的微酸性的土壤环境。定植地的土壤应具备这些特性，达不到要求应改良土壤。可在地表用腐叶、家禽畜便、锯屑进行有机堆肥，或用有机物和无机物混合配置培养土填坑穴。常用的混合基质有两种，一是由泥炭土：珍珠岩：椰糠：粗沙按质量比 4：3：1：1 混合；二是由肥沃的壤土（塘泥、腐殖土、老园土、大田土）：腐熟的有机肥和经过杀菌杀虫处理的枯枝落叶：粗沙按质量比 7：1：1 混合。两种培养土也可用于容器育苗。

3. 移栽与定植

紫金牛科植物适合于春季、秋季和梅雨季节初期等季节进行移植。夏季天气炎热，如果庇荫和灌溉条件跟不上，不适合移植。盆栽植物一年四季均可移植。苗木移植特别是裸根移植，需要剪掉大部分甚至全部叶片后再行定植。定植前坑底先放入 10cm 的碎石，再放入充足的有机堆肥或配置的混合基质，最后定植苗木。将土壤回填至地平，打紧、踏实，浇透定根水，待水全部下渗后，用枯叶、枯草、蔗渣或碎树皮等覆盖土表，以减少土壤水分流失。

4. 抚育管理

浇水：紫金牛科植物定植后，注意保持土壤湿润。在气温低、雨季时节不可浇水过多，防止沤根。春末夏初，气温渐高，少雨时段应根据苗木及土壤水分状况及时浇水。

施肥：大多数紫金牛科植物的果实鲜红靓丽，是优良的观果树种。因此，对于开花结果的植株，施肥时应注重促花保果。紫金牛科植物有 4 个主要的施肥时期：一是秋施基肥，以有机肥为主；二是萌芽开花前追肥，以氮肥为主；三是花后追肥，除氮肥外还应补充速效磷、钾肥；四是果实膨大期追肥，以钾肥为主，配合磷、氮肥。处于营养生长期的幼树，除了秋施基肥外，还应根据苗木的生长情况适当进行追肥。

修剪：紫金牛科植物若任其生长，常会发生徒长、枝条重叠交错、倒伏等现象。为了使紫金牛科植物生长健壮，姿态优美，应及时进行修剪。幼树期修剪方法主要是摘心，掐掉幼苗顶端幼嫩部分，促进分枝。成龄树修剪方法主要是修枝，将过密枝、病枯枝、细弱枝、杂乱枝疏除，以控制树高，改善光照条件，减少养分的消耗，增加壮枝、新枝，促进开花坐果。对于主干或枝条过于细弱的植株，可将植株地上部分全部剪除，植株重新萌发后可变粗。

除草：为了避免杂草与紫金牛科植物竞争水肥，应及时清除树根杂草，做到见草就除。除草的同时进行松土，保持树干周围的土壤变疏松，改善土壤的水分和空气的流通，以利植株根系的生长。有条件，也可在树干周围覆盖地膜、碎木屑等覆盖物，减少杂草生长。

病虫害防治：大部分紫金牛科植物在适宜的生境下不易受病虫危害。但在不良生境或管理措施不当的情况下，如受烈日暴晒、浇水过多、施肥不当、土壤携带有害生物等，部分紫金牛科植物特别是紫金牛属植物易受病虫危害。目前已发现有害生物主要包括病害 10 种，虫害有 7 种。详见表 1：

表 1　紫金牛科植物主要病虫害及防治一览表

名称	寄主	危害部位	防治用药
根腐病	硃砂根、肉根紫金牛、白花紫金牛、莲座紫金牛、虎舌红	根系	恶霉灵、五氯硝基苯、异菌脲、甲基立枯磷
根肿病	硃砂根	根系	氧氯化铜、春雷霉素、农用硫酸链霉素
根线虫病	硃砂根、紫金牛	根系	克线磷、噻唑磷、杀线威、灭克磷、丁硫克百威
花腐病	肉根紫金牛	花序	烯酰吗啉、噁唑菌酮、氰霜唑、腐霉利
茎腐病	硃砂根、肉茎紫金牛	茎	戊菌隆、吡唑醚菌酯、嘧菌酯、异菌脲
煤烟病	短柄紫金牛	叶片、花序	苯醚甲环唑、百菌清、代森锰锌、咪鲜胺
芽枯病	走马胎、紫脉紫金牛	嫩芽、嫩梢	嘧菌酯、甲基硫菌灵、三唑酮
叶斑病	短柄紫金牛、粗茎紫金牛、心叶紫金牛	叶片	嘧菌酯、醚菌酯、苯醚甲环唑
疫病	走马胎、短柄紫金牛	茎、叶片	双炔酰菌胺、吲唑磺菌胺、噁唑菌酮、嘧菌酯、烯酰吗啉
青枯病	硃砂根、走马胎、粗梗紫金牛	根系、茎	硫酸链霉素、氧氯化铜
广翅蜡蝉	酸苔菜	嫩梢、花苞	吡虫啉、多杀菌素、高效氟氯氰菊酯、丙溴磷、高效氯氟氰菊酯
白轮蚧	矮短紫金牛、防城紫金牛、短柄紫金牛、梯脉紫金牛	叶片、嫩芽、嫩梢	螺虫乙酯、杀扑磷、吡虫啉
锐软蜡蚧	矮短紫金牛、防城紫金牛、短柄紫金牛	叶片、嫩芽、嫩梢	螺虫乙酯、杀扑磷、吡虫啉
龟蜡蚧	矮短紫金牛、防城紫金牛、短柄紫金牛	叶片、嫩芽、嫩梢	螺虫乙酯、杀扑磷、吡虫啉
斜纹夜蛾	凹脉紫金牛、束花紫金牛、雪下红、硃砂根	叶片、嫩芽、嫩梢、叶片、花序、果实	斜纹夜蛾核型多角体病毒、苏云金杆菌、甲维盐
蚜虫	凹脉紫金牛	嫩芽、嫩梢、花序	噻虫嗪、高效氯氰菊酯、呋虫胺、啶虫脒、吡虫啉
蛴螬	肉根紫金牛	根系	辛硫磷、毒死蜱、啶虫脒、高效氯氰菊酯

防治措施：

（1）加强产地、调运检疫工作，确保植株不带有检疫性病、虫、草害。

（2）种植选址应注意土壤疏松、排水良好、酸碱度适中。

（3）加强肥水管理，合理施用氮、磷、钾肥，或充分腐熟的有机肥，定时进行根外追肥，提高植株抗虫抗病能力。

（4）及时清理枯枝病叶，进行集中深埋处理，减少病虫害中间寄主。

（5）病虫害发生初期应及时采取相应防治措施，防止其因适宜环境促使病虫害对植株造成更大危害。适时适量喷施农药，避免长期单一使用同种农药诱发病虫害抗药性剧增。

病害：1. 根肿病；2. 青枯病；3. 煤烟病；4. 芽枯病；5. 茎腐病；6. 疫病；7. 叶斑病
虫害：8. 鳞翅目蛀果类虫害；9. 鳞翅目虫害；10. 蚜虫危害；11. 金龟子危害；12. 蚧壳虫危害；13. 广翅蜡蝉危害

紫金牛科

Myrsinaceae R. Br., Prodr. Fl. Nov. Holland. 532. 1810 [27 Mar 1819].

常绿灌木或乔木，有时为木质藤本或亚灌木。茎、叶、花、果各部常具腺点、边缘腺点或腺状条纹。单叶互生，有时对生或轮生；无托叶；叶边缘全缘或具锯齿，齿间有时具边缘腺点。花整齐，两性或单性，雌雄同株、异株或杂形异株，4-5（-6）基数，排成顶生、腋生或簇生于短枝上的伞形花序、伞房花序、总状花序、聚伞花序至圆锥花序；花萼基部合生或合生至中部，有时分离，常具腺点，宿存；花冠基部合生成管，稀分离，常具腺点；雄蕊与花冠裂片同数而对生，贴生于花冠上，花药2室，内向，纵裂，有时顶孔开裂或药室内有横隔；子房上位，稀半下位或下位，1室，胚珠多数，生于中轴胎座或特立中央胎座上，常仅1枚发育，花柱1，细长或粗短，柱头点尖、盘状、流苏状或柱状。果实为核果，外果皮肉质，内果皮坚脆，或为蒴果，有1粒种子或多数（杜茎山属 *Maesa*）。*X*=10-12，23。

42属约2200种，主要分布于热带、亚热带及暖温带地区。我国有6属约130种，主产于长江流域以南各省，云南和广西占分布种类的80%。

分属检索表

1. 萼片革质，两侧不对称；果圆柱状新月形或镰刀状弯曲；红树林植物 ………… **1. 蜡烛果属 *Aegiceras***
1. 萼片草质，两侧对称；果球形；非红树林植物。
  2. 子房下位或半下位；种子多数，有棱角 ………… **4. 杜茎山属 *Maesa***
  2. 子房上位；种子1粒，球形。
    3. 攀缘灌木或藤本，花冠裂片分离或近分离 ………… **3. 酸藤子属 *Embelia***
    3. 直立灌木或小乔木；花冠裂片下部合生。
      4. 花序总状、伞房状或近伞形花序，或再组成圆锥花序，顶生或腋生；花冠裂片右旋覆瓦状排列 ………… **2. 紫金牛属 *Ardisia***
      4. 花簇生或呈伞形花序着于瘤状突起的短枝上，花冠裂片不旋转，覆瓦状镊合状排列。
        5. 花柱明显；柱头盘状，边缘流苏状；叶缘通常具齿 ………… **5. 铁仔属 *Myrsine***
        5. 花柱极短，近无；柱头伸长，腊肠形、圆柱形或中部以上扁平呈舌状；叶全缘 ………… **6. 密花树属 *Rapanea***

蜡烛果属

Aegiceras Gaertner, Fruct. & Sem. 1: 216. 1788.

常绿灌木或小乔木，分枝多。叶互生或于枝条顶端近对生，全缘。花序为伞形花序，顶生。花两性，5 数；萼片分离，革质，斜菱形，不对称，向左旋转，宿存；花冠钟形，裂片覆瓦状排列，蕾时向右旋转，开花时反折；雄蕊与花冠裂片同数，花丝下部合生成管，贴生于花冠管基部，花药 2 室，内向纵列，药室具横隔；子房上位，纺锤形，胚珠多数，嵌入一球形胎座内，花柱细长，柱头点尖。果为蒴果，圆柱形，呈新月形或镰刀状弯曲，外果皮干脆，有种子 1 粒，种子与果同形。

2 种，分布于亚洲、大洋洲的热带海岸泥滩地带，为红树林建群种。我国有 1 种，主产于东南部至南部海边。

1 蜡烛果 （别名：桐花树）

Aegiceras corniculatum (L.) Blanco, Fl. Filip. 79. 1837.

【自然分布】

广东、广西、福建、海南、香港、台湾及南海诸岛。印度、马来西亚、越南、菲律宾、斯里兰卡、太平洋群岛及澳大利亚北部亦有分布。生于潮水涨落的海滩或河流入海口的污泥地，为红树林建群种。

【迁地栽培形态特征】

常绿灌木，高1–1.8m。

茎 无毛，光滑，具皮孔，小枝红褐色，老枝灰褐色。

叶 革质，倒卵形或椭圆形，长3–10cm，宽1.5–5cm，顶端圆形或微凹，基部楔形，全缘，两面无毛，叶面中、侧脉平整，叶背中脉隆起，侧脉平整，不连成边缘脉；叶柄长1–1.5cm。

植株

花 伞形花序，长2–2.5cm，生于枝顶端，无柄；花梗长1–1.3cm，无毛；花长约1cm，萼片长约5mm，斜菱形，不对称，顶端圆形，薄，基部厚，顺时针互相重叠，紧包至花冠中部；花冠钟形，白色，管长约4mm，外面无毛，里面密被白色长柔毛，裂片长约5mm，卵形，顶端渐尖，花时反折，花后连同雄蕊全部脱落；雄蕊略短于花冠，花丝基部连合成管状，花药卵形，丁字着药；雌蕊与花瓣等长，花柱与子房连成圆锥体。

果 淡黄色，长6–8cm，新月状或镰状弯曲，先端具长喙。

【引种信息】

华南植物园 自台湾引种种子（登录号20030236），海南文昌引种苗（登录号20041761）。生长较快，长势良好。

【物　　候】

华南植物园 11月上旬现花序、翌年2月上旬始花、3月中旬至5月中旬盛花、5月下旬开花末期；6月上旬幼果初

1-2. 花蕾；3. 花特写；4. 叶面；5. 叶背；6. 花枝；7. 果枝

现、8 月下旬果实陆续成熟、10 月中旬果实脱落。

【迁地栽培要点】

喜阳，具有很强的耐淹性、抗寒性，对淡水适应性强。在阳光充足，经常有海水浸淹的泥质地生长良好。主要采用胎生繁殖，采摘胚轴的最佳时期应根据各地的物候期选择胚轴脱落的初期进行。成熟的胚轴呈月牙形，粗壮饱满，由米白色的种皮包裹，胚轴光滑，呈绿色。胚轴采集后无须将果皮、果肉、胚轴分离，直接放入网袋中，用自来水或低盐度的海水浸泡 1-2 天，放置在阴凉处保湿催芽一周后点播入袋。育苗前催芽和催芽后采用容器袋育苗可以获得较高的成苗率。育苗基质要求透气有营养，可用 3 份细沙、7 份海滩淤泥混合。蜡烛果适合在春秋两季移栽，苗龄越低移栽成活率越高。移栽前修剪掉整株树叶片的 2/3，移栽时带土球保护根系，土球直径与树冠的比例为 1∶4。叶面肥对蜡烛果作用不明显，生长期主要施用尿素。生性强健，少见病虫危害。

【主要用途】

1. 植株有支柱根和膝根，具有滞留消浪功能；叶片具泌盐机制，能在盐度高的滩地栽种成活，是滩地造林、防浪护堤的先锋树种；花期长，是重要的蜜源植物；树皮含单宁，可提制栲胶、鞣制皮革或染渔网。

2. 枝叶茂密耐修剪，叶片厚实光亮，果形新月状，是优良的观果植物，可种植在污泥湿地恢复生态，也可修剪造型制作盆栽，置于庭前、墙隅、假山或岩石旁点缀观赏。

紫金牛属

Ardisia Swartz, Prodr. Veg. Ind. Occ. 3: 48. 1788.

常绿灌木、半灌木、乔木，稀草本。叶互生，稀对生或轮生；常具腺点；全缘或具波状圆齿、锯齿或啮蚀状细齿，齿间常具边缘腺点。花序为伞形花序、伞房花序、聚伞花序、圆锥花序、稀总状花序，顶生或腋生；花两性，5（或 4）基数；花萼基部或花梗上无小苞片；萼片仅基部连合，镊合状或覆瓦状排列，通常有腺点或腺状纵纹；花冠钟状，花瓣仅基部连合，右旋螺旋状排列，花时开展或外反，两面无毛，稀里面被毛，常具腺点；雄蕊着生于花瓣基部或中部，花丝短，花药与花瓣等长或较短，纵裂，稀顶孔开裂；雌蕊与花瓣等长或略长，子房上位，球形或卵珠形，花柱丝状，柱头点尖，胚珠少数或多数，1 至多轮生于特立中央胎座上。果为核果，球形，具腺点，通常为红色，内果皮坚脆，有种子 1 粒。

400–500 种，主要分布于热带美洲、太平洋诸岛、亚洲东部至南部。我国约 70 种，主产于长江流域以南各省区。

紫金牛属分种检索表

1. 叶全缘。
  2. 花序为复亚伞形花序组成的圆锥花序。
    3. 萼片椭圆状卵形或卵形。
      4. 小枝和花序无毛和鳞片 ………………………………………… **28. 矮紫金牛 *A. humilis***
      4. 小枝和花序被毛或铁锈色鳞片。
        5. 叶片坚纸质，花瓣粉红色或紫红色 …………………………… **55. 南方紫金牛 *A. thyrsifolia***
        5. 叶片近革质，花瓣白色 ……………………………………… **53. 多枝紫金牛 *A. sieboldii***
    3. 萼片三角状卵形。
      6. 叶片革质。花序密被锈色鳞片，花瓣粉紫色，卵形，顶端钝，具腺点 ……………………………………………………………… **17. 密鳞紫金牛 *A. densilepidotula***
      6. 叶片坚纸质。花序无毛，花瓣淡紫色或粉红色，宽卵形，顶端急尖，无腺点 ·· **37. 铜盆花 *A. obtusa***
  2. 花序不组成圆锥花序。
    7. 小乔木或大灌木；花序侧生；萼片通常宽卵形，边缘互相覆盖。
      8. 小枝、叶片、花序被长柔毛 ………………………………… **27. 锈毛紫金牛 *A. helferiana***
      8. 小枝、叶片、花序无毛。
        9. 小枝、叶片、花序被锈色鳞片；聚伞花序 ……………………… **59. 越南紫金牛 *A. waitakii***
        9. 植株无鳞片；总状花序。
          10. 总状花序下垂，长 6–12cm ………………… **44. 总序紫金牛 *A. pubicalyx* var. *collinsiae***
          10. 花序为缩短的总状花序，呈伞形花序状。
            11. 花萼分裂近达基部；叶椭圆状披针形或倒披针形。
              12. 花序总梗粗 2–3mm；花序为缩短的总状花序 ………… **54. 酸苔菜 *A. solanacea***
              12. 花序总梗粗约 1mm；花序近伞形 ……………………… **24. 小乔木紫金牛 *A. garrettii***
            11. 花萼下部 1/3 合生；叶倒卵状椭圆形 ……………………… **19. 东方紫金牛 *A. elliptica***
    7. 小灌木，稀小乔木；具侧生特殊花枝；萼片常卵形，边缘互相不覆盖。
      13. 小枝、叶背、叶柄、花序密被锈色星状长柔毛。 ………………… **36. 星毛紫金牛 *A. nigropilosa***
      13. 小枝、叶背、叶柄、花序无星状毛。
        14. 侧脉 10–15 对；小枝无鳞片或无毛。
          15. 叶椭圆形至倒卵形，侧脉下陷……………………………… **7. 凹脉紫金牛 *A. brunnescens***
          15. 叶狭披针形或线形，侧脉不下陷。
            16. 叶片革质，叶背无鳞片，边缘腺点明显；萼片广卵形，顶端钝，无缘毛 ……………………………………………………………… **20. 剑叶紫金牛 *A. ensifolia***
            16. 叶片坚纸质，叶背被锈色鳞片，边缘腺点不明显；萼片三角状卵形，具缘毛 ……………………………………………………………… **29. 柳叶紫金牛 *A. hypargyrea***
        14. 侧脉 20 对以上；小枝被鳞片或微毛。
          17. 幼枝被微毛；叶片厚纸质近革质；萼片花时展开不紧贴花瓣，花紫色 ……………………………………………………………… **51. 红茎紫金牛 *A. rubricaulis***
          17. 幼枝被鳞片；叶片坚纸质；萼片花时紧贴花瓣，花淡红色或白色。
            18. 花序 2 或 1 花；花序梗长 2–5mm，通常短于花梗 ………… **23. 灰色紫金牛 *A. fordii***
            18. 花序通常多花，花序梗长于花梗。
              19. 开花时花梗长约 5mm；花萼、花冠具明显腺点；叶脉不明显；果常具 5 棱 ……………………………………………………………… **48. 罗伞树 *A. quinquegona***
              19. 开花时花梗长 2–3mm；花萼、花冠仅具稀少腺点；叶脉两脉明显；果球形 ……………………………………………………………… **18. 圆果罗伞 *A. depressa***

1. 叶边缘有齿或边缘腺点，至少近顶端有不明显的齿。
  20. 叶缘无边缘腺点。
    21. 叶边缘具细密锯齿。
      22. 叶片大，长 20cm 以上，宽 6cm 以上。
        23. 叶片膜质，叶面无毛，背面脉上被细微柔毛；由亚伞形花序组成大型金字塔状圆锥花序，长 15–30cm ………… **25. 走马胎 *A. gigantifolia***
        23. 叶片坚纸质，两面被细微柔毛或背面被长硬毛；由伞形花序组成总状圆锥花序，长 6–18cm。
          24. 叶片厚，带肉质，短宽，广椭圆状倒卵形或倒卵形，长 21–35cm，宽 10–16cm，基部下延而成狭翅 ………… **16. 粗茎紫金牛 *A. dasyrhizomatica***
          24. 叶片较薄，狭长，倒披针形或倒卵形，长 20–35cm，宽 6–12cm，基部下延成宽翅 ………… **49. 短柄紫金牛 *A. ramondiiformis***
      22. 叶片小，长 20cm 以下，宽 10cm 以下。
        25. 叶背中脉密被粗毛状长柔毛及锈色卷曲长柔毛，侧脉 25 对以上；萼片无腺点 ………… **52. 梯脉紫金牛 *A. scalarinervis***
        25. 叶背中脉被微柔毛或糙伏毛，侧脉少于 13 对；萼片多少具腺点。
          26. 叶基部楔形，下延成狭翅 ………… **5. 束花紫金牛 *A. balansana***
          26. 叶基部圆形或心形。
            27. 叶片大，长 8–16cm，宽 5–11cm；花序长 4–9cm，花梗红色 ………… **50. 卷边紫金牛 *A. replicata***
            27. 叶片小，长 3–5cm，宽 1.5–2.5cm；花序长 1.5–2cm，花梗灰色 ………… **45. 毛脉紫金牛 *A. pubivenula***
    21. 叶具疏细齿或疏锯齿。
      28. 叶基部心形 ………… **33. 心叶紫金牛 *A. maclurei***
      28. 叶基部楔形或钝。
        29. 萼片卵形或三角状卵形；叶上面无毛。
          30. 叶全部边缘具锯齿 ………… **30. 紫金牛 *A. japonica***
          30. 叶仅中部以上具稀疏粗齿。
            31. 叶片厚纸质，肉质；花瓣无腺点 ………… **10. 小紫金牛 *A. chinensis***
            31. 叶片膜质；花瓣具疏腺点 ………… **4. 五花紫金牛 *A. argenticaulis***
        29. 萼片狭披针形至钻形，叶面或沿叶脉被毛。
          32. 茎直立，高可达 1m；茎叶密被紫红色长柔毛 ………… **46. 紫脉紫金牛 *A. purpureovillosa***
          32. 茎匍匐，幼枝密被锈色或白色长柔毛。
            33. 叶片椭圆状披针形，两面被长柔毛；花瓣紫红色，果被毛 · **21. 月月红 *A. faberi***
            33. 叶片倒卵形，叶面被糙伏毛，毛基隆起，背面具长柔毛；花瓣白色，果无毛 ………… **47. 九节龙 *A. pusilla***
  20. 叶缘具圆齿并有边缘腺点。
    34. 萼片被长柔毛或硬毛，与花瓣和果实近等长。
      35. 茎极短，高 10cm 以下；叶基生呈莲座状。
        36. 叶片被毛不明显，两面疏被长约 0.6mm 的伏贴柔毛，萼片外面无毛 ………… **38. 光萼紫金牛 *A. omissa***
        36. 叶片被毛明显，两面密被锈色或紫红色卷曲长柔毛，萼片外面被锈色长柔毛 ………… **42. 莲座紫金牛 *A. primulifolia***
      35. 茎高达 10cm 以上；叶互生。

37. 萼片披针形，先端渐尖。
38. 萼片短，长 4–5mm；叶片两面被紫红色或锈色糙伏毛，毛基部突起如瘤 …………………………………………………… **34. 虎舌红 *A. mamillata***
38. 萼片长，长 7–8mm；叶片两面被白色长柔毛，毛基部不隆起 …………………………………………………… **57. 长毛紫金牛 *A. verbascifolia***
37. 萼片长圆形，先端钝；叶面仅中脉微微被毛，叶背被短柔毛 ……… **58. 雪下红 *A. villosa***
34. 萼片无毛或被微毛，明显短于花瓣或果实。
39. 花序侧生于主干上或生于无叶的花枝上；总梗或花枝无叶或仅顶端有 2 退化小叶。
40. 叶片膜质，狭长，披针形。
41. 亚伞形花序，生于侧生特殊花枝顶端，花枝长 6–23cm ……………… **15. 百两金 *A. crispa***
41. 圆锥花序，腋生，长 4–7cm ………………………………… **22. 狭叶紫金牛 *A. filiformis***
40. 叶坚纸质至近革质，倒卵形，稀披针形。
42. 叶的边缘具明显浅圆齿和腺点；叶面多少被毛。
43. 茎纤细，叶长 1.5–3cm，宽 0.7–1.2cm ………………………… **2. 细罗伞 *A. affinis***
43. 茎较粗，叶长 3.5cm 以上。
44. 叶片倒卵形，叶背密被小窝点，萼片长圆状卵形 … **39. 矮短紫金牛 *A. pedalis***
44. 叶片披针形至长圆状披针形，叶背无小窝点，萼片三角状卵形 …………………………………………………… **3. 少年红 *A. alyxiifolia***
42. 叶近全缘，边缘腺点不明显，上面无毛。
45. 叶片厚，近革质；花白色，具腺点 ………………………… **6. 九管血 *A. brevicaulis***
45. 叶片较薄，坚纸质；花瓣白色，由基部至 2/3 花瓣中部处紫红色，无腺点 …………………………………………………… **40. 花脉紫金牛 *A. perreticulata***
39. 花序生于有多枚正常叶片的花枝端。
46. 花序为简单的伞形花序。
47. 植株具粗厚肉质根（直径 2–3cm）……………………… **13. 肉根紫金牛 *A. crassirhiza***
47. 植株无上述粗厚肉质根。
48. 茎肉质；叶聚生于茎和枝端 ………………………… **8. 肉茎紫金牛 *A. carnosicaulis***
48. 茎非肉质；叶互生于茎和枝上。
49. 叶的边缘脉紧靠叶缘 ……………………………… **12. 粗脉紫金牛 *A. crassinervosa***
49. 叶的边缘脉距叶缘 2–5mm。
50. 萼片阔卵形，先端圆形；花瓣粉红色，基部有紫红色色带 …………………………………………………… **56. 防城紫金牛 *A. tsangii***
50. 萼片长圆状卵形，顶端急尖；花瓣白色 ………… **32. 山血丹 *A. lindleyana***
46. 花序为复伞形花序或聚伞花序。
51. 幼枝和叶背面中脉被毛 ………………………………… **11. 伞形紫金牛 *A. corymbifera***
51. 全体无毛。
52. 植株具块根；叶边缘极窄内卷，有微凹陷的边缘腺体 …………………………………………………… **43. 块根紫金牛 *A. pseudocrispa***
52. 植株无块根；叶边缘不内卷，具明显的圆齿。
53. 叶干后近膜质，先端尾状渐尖 ……………………… **9. 尾叶紫金牛 *A. caudata***
53. 叶片坚纸质，先端非尾状渐尖。
54. 叶两面密布黑色短腺条 ………………………………… **41. 钮子果 *A. polysticta***
54. 叶两面无黑色腺条或仅具稀疏腺点。

55. 叶边缘具皱波状或波状齿，萼片长 1.5mm 或略短，稀达 2.5mm ……
…………………………………………………………… **14. 硃砂根 *A. crenata***

55. 叶近全缘或具明显圆齿，萼片长 2–3mm。

56. 叶近全缘或具突出的边缘腺体；花冠长约 5mm，花萼卵形，长约 2mm ……………………………………… **31. 岭南紫金牛 *A. linangensis***

56. 叶缘具明显的圆齿；花冠长 6–8mm.，花萼长圆状卵形或长圆状椭圆形，长 2.5–3mm。

57. 叶片每边具 5–8 边缘腺点；萼片长圆状卵形，基部最宽 ……
……………………………………………… **26. 大罗伞树 *A. hanceana***

57. 叶片每边具 13–20 边缘腺点；萼片长圆形，基部较狭窄 ……
……………………………………………… **35. 白花紫金牛 *A. merrillii***

2 细罗伞（别名：波叶紫金牛）

Ardisia affinis Hemsl., J. Linn. Soc., Bot. 26(173): 63. 1889.

【自然分布】

海南、广西、广东、湖南、江西。生于海拔 100–600m 的石灰岩山林下、路旁、溪边阴暗潮湿地。

【迁地栽培形态特征】

亚灌木，高 10–25cm。

茎 纤细，暗红色，幼嫩部分被锈色微柔毛，除侧生特殊花枝外不分枝。

叶 小，较薄，坚纸质，椭圆状卵形或倒卵形，长 1.5–3cm，宽 0.7–1.2cm，顶端急尖至钝，基部楔形，边缘具明显圆齿，齿间具腺点，叶面仅中脉被微柔毛，背面被微柔毛，侧脉不连成边缘脉；叶柄长 2–3mm，被锈色微柔毛。

花 伞形花序，长 1–1.5cm，着生于侧生特殊花枝顶端；花枝长 1.5–5cm，被锈色微柔毛；花梗长 5–7mm，被锈色微柔毛；花长约 5mm，花萼仅基部连合，萼片卵形，长 1–1.5mm，顶端急尖，具腺点；花瓣白色，卵形，顶端急尖，外面无毛，里面被白色微柔毛；雄蕊略短于花瓣，花药披针形，顶端急尖，背面具腺点；雌蕊与花瓣等长，子房球形，具腺点。

果 球形，红色，直径 6–8mm，无毛，无腺点。

【引种信息】

华南植物园 自广东英德引种苗（登录号 20041788）。生长快，长势好。

桂林植物园 自广西融安（引种号 P-004）、华南植物园（引种号 msz-432）引种苗。生长一般。

植株

花特写

1. 叶面；2. 叶背；3. 花枝；4. 花蕾

【物　　候】

华南植物园　3 月上旬叶芽开放；3 月中旬至 4 月下旬展叶；4 月下旬现花序、5 月中旬始花、5 月下旬盛花、6 月中旬开花末期；6 月中旬幼果初现、10 月中旬果实成熟、翌年 1 月下旬果实脱落。

桂林植物园　4 月中旬叶芽开放；5 月中旬开始展叶；6 月上旬始花、6 月下旬盛花、7 月上旬开花末期；11 月中旬果熟。

果

【迁地栽培要点】

喜阴，忌强光直射，不耐高温和干旱，炎热夏季除了遮阴外，还需经常给叶片洒水，保持土壤湿润。栽培土壤要求不宜板结，疏松透气。植株矮小，应少修剪任其自然生长。采用播种、分株繁殖。未见病虫危害。

【主要用途】

1. 全株可入药，具有散淤活血、利咽止咳功效，用于治疗跌打损伤、喉蛾。

2. 植株矮小别致，叶片碧绿，果实鲜红，适合室内盆栽观赏，或片植于林下作为地被。

3 少年红（别名：念珠藤叶紫金牛）

Ardisia alyxiifolia Tsiang ex C. Chen, Acta Phytotax. Sin. 16(3): 80-81. 1978.

【自然分布】

四川、贵州、海南、广西、广东、湖南、江西、福建。生于海拔600–1200m的混交林下、坡地、林缘。

【迁地栽培形态特征】

小灌木，高30–50cm。

植株

茎 暗红色，纤细，嫩枝密被锈色微柔毛。

叶 厚坚纸质或革质，披针形或长圆状披针形，长3–7cm，宽0.7–2cm，顶端渐尖或钝，基部楔形，边缘具圆齿，齿间具腺点，叶面无毛，背面被微柔毛，嫩叶中脉白色，老叶中脉绿色，侧脉连成边缘脉；叶柄长5–7mm，被微柔毛。

花 伞形花序，长3–4cm，侧生或腋生，被微柔毛；花梗长约7mm，被微柔毛；花长约5mm，花萼仅基部连合，萼片三角状卵形，长1–2mm，顶端急尖，具腺点，无毛；花瓣淡粉色至白色，卵形，外面无毛，里面近基部具白色乳头状突起，具腺点；雄蕊略短于花瓣，花药披针形，顶端急尖，背部具腺点；雌蕊与花瓣几等长，子房球形，具腺点。

果 球形，红色，直径5–8mm，腺点不明显。

【引种信息】

华南植物园 自广东南岭（登录号20101256）、湖南桂东（登

1. 叶面；2. 花；3. 果；4. 叶面；5. 叶背；6. 花序；7. 枝叶

录号 20121487）引种苗。生长中等，长势一般，坐果率低。

桂林植物园 自广西龙胜（引种号 msz-110）、广西金秀（引种号 msz-130）引种苗。生长不良，物候特征不明显。

【物　　候】

华南植物园 3 月上旬叶芽开放；3 月中旬至 4 月下旬展叶；4 月下旬现花序、5 月上旬始花、5 月中旬盛花、5 月底开花末期；6 月上旬幼果初现、11 月上旬果实成熟。

桂林植物园 3 月中旬叶芽开放；3 月下旬至 4 月上旬展叶；5 月上中旬现蕾、5 月下旬始花、6 月上旬盛花、6 月中下旬开花末期；6 月下旬幼果初现、10 月中下旬果实成熟。

【迁地栽培要点】

喜阴，不耐强光直射。对土壤、水分要求较严格，适合在疏松透气、不宜板结、富含有机肥的土壤中生长。不耐干旱和水渍，日常浇水不可过多过少，保持土壤微湿即可。植株枝条披散容易倒伏，可用木签固定植株。采用播种、扦插繁殖。未见病虫危害。

【主要用途】

1. 全株可入药，具有平喘止咳，活血散瘀功能，用于咳喘痰多、慢性支气管炎、跌打损伤。
2. 植株纤细，叶片形状、色泽多变，果实鲜红，适合室内盆栽观赏。

4 五花紫金牛

Ardisia argenticaulis Y.P. Yang, Taiwania 34(2): 287-290. 1989.

【自然分布】

广东、广西。生于低海拔山区疏、密林或竹林下阴暗地，溪流石缝中。

【迁地栽培形态特征】

矮小灌木，高 10–30cm。

茎 灰色，圆柱形，密被锈色鳞片，以茎顶端鳞片居多，分枝少，叶常聚生茎顶部，嫩叶暗红色。

叶 膜质或略厚，椭圆状披针形或倒卵形，长 5–8cm，宽 1.7–3cm，顶端钝或渐尖，基部楔形，边缘中部以上具浅波状齿，叶面无毛，背面密被锈色鳞片，以中脉上居多，侧脉连成边缘脉；叶柄长 5–8mm，被锈色鳞片。

花 伞形花序，长 1.5–2cm，腋生或生于侧生花枝顶端；花梗长 6–7mm，被锈色鳞片；花长 3–4mm，花萼仅基部连合，萼片三角状卵形，长 0.5mm，顶端急尖，腺点不明显；花瓣白色，卵形，两面无毛，具腺点；雄蕊略短于花瓣，花药卵形，顶端急尖；雌蕊与花瓣几等长，子房球形，无毛。

果 球形，红色，直径 6–8mm，无毛，无腺点。

【引种信息】

华南植物园 自桂林植物园引种苗（登录号 20140590）。生长良好，长势缓慢，坐果率低。

植株

1. 花序；2. 花特写；3. 叶面；4. 叶背；5. 果

桂林植物园 自广西龙州引种苗（引种号 msz-209）。生长良好，坐果率低。

【物　候】

华南植物园 3 月上旬叶芽开放；3 月中旬开始展叶、3 月下旬展叶盛期；4 月上旬现花序、5 月上旬始花、5 月中旬盛花、6 月上旬开花末期；6 月上旬幼果初现后不久脱落。

桂林植物园 3 月中旬叶芽开放；3 月下旬开始展叶、4 月上旬盛叶期；4 月下旬至 5 月上旬现蕾、6 月上旬始花、6 月中旬盛花、6 月下旬至 7 月上旬开花末期；6 月下旬幼果初现、11 月中下旬果实成熟。

【迁地栽培要点】

适应性强，喜荫蔽、通风的环境。栽培土壤要求疏松透气不板结。夏天高温季节注意喷雾保水降温。植株长势较慢，日常无须过多修剪任其生长。采用压条和扦插繁殖成活率高。未见病虫危害。

【主要用途】

1. 全株可入药，具有活血散瘀、解毒止血功效，用于咯血、肺结核、跌打损伤、黄疸、闭经等。

2. 植株叶片清秀，果实鲜红，可用于景观林下、水边的植物配置，也可制作垂吊型盆栽观赏。

5 束花紫金牛

Ardisia balansana Y.P. Yang, Taiwania 34(2): 245-248. 1989.

【自然分布】

云南。越南。生于海拔1000-1500m的常绿阔叶林下的峡谷、沟边、草丛等阴湿地。

【迁地栽培形态特征】

小灌木，高30-50cm。

茎 直立，无分枝，幼嫩部分被微柔毛。

叶 坚纸质，近轮生，簇生于茎顶端，广椭圆状卵形或椭圆状披针形，长8-14cm，宽4-8cm，顶端广急尖，基部楔形，下延成狭翅，边缘具啮蚀状细齿，齿具小尖头，两面无毛，背面被微柔毛，以中、侧脉为多，叶面脉下凹，背面隆起，腺点隆起，侧脉不连成边缘脉；叶柄长1-1.5cm，具狭翅。

植株

花 总状花序，长8-10cm，由亚伞形花序组成，腋生，被微柔毛；花梗长0.5-1cm，被微柔毛；花长5-7mm，花萼仅基部连合，萼片长约2mm，三角状卵形，顶端急尖，具腺点；花瓣淡粉色，卵形，两面无毛，具腺点；雄蕊略短于花瓣，花药披针形，背部具腺点；雌蕊与花瓣近等长，子房球形，无腺点。

果 栽培植株尚未结果。

【引种信息】

华南植物园 自云南文山引种苗（登录号20130143）。生长快，长势中等。

【物　候】

华南植物园 2月上旬叶芽开放；2月中旬至4月上旬展叶；4月中旬现花序、5月下旬始花、6月上旬盛花、6月中旬开花末期。花后未

1. 花序；2. 花特写；3. 叶面；4. 叶背；5. 植株

结果。

【迁地栽培要点】

喜荫蔽、通风的环境，阳光直射容易使叶片发黄。不耐干旱和水涝，浇水应适度，不可过多也不可过少，保持土壤微湿。全年施肥1–2次，适时中耕除草。迁地栽培条件下未结实，采用压条、扦插繁殖成活率较高。偶有斜纹夜蛾幼虫取食花蕾。

【主要用途】

植株小巧直立，叶片聚生于茎顶端，四季墨绿，花色清丽，可作为观叶观花植物置于室内盆栽观赏或丛植、片植于林下作为景观配置。

6 九管血（别名：血党、活血胎、八爪金龙、血猴爪）

Ardisia brevicaulis Diels, Bot. Jahrb. Syst. 29(3-4): 519. 1900.

【自然分布】

西藏、四川、云南、贵州、广西、广东、湖南、湖北、江西、福建、台湾。生于海拔400-1300m的混交林下阴湿地。

【迁地栽培形态特征】

矮小灌木，高10-30cm。

茎 红褐色，嫩茎被微柔毛，具匍匐生根的根茎，除侧生特殊花枝外不分枝。

叶 坚纸质，卵形、卵状披针形或椭圆形，长6-15cm，宽2-6cm，顶端渐尖，基部楔形或近圆形，近全缘，具不明显的边缘腺点，叶面无毛，背面被细微柔毛，以中脉居多，具疏腺点，侧脉连成不规则的边缘脉；叶柄长0.5-1.4cm，被细微柔毛。

花 伞形花序，生于侧生特殊花枝顶端，花枝长5-10cm，被毛；花梗长1-1.5cm，被毛；花长6mm，花萼仅基部连合，萼片长约3mm，卵形或椭圆状卵形，顶端急尖，无毛，具腺点；花瓣白色，宽卵形，顶端急尖，具腺点，外面无毛，里面近基部被微柔毛；雌蕊略短于花瓣，花药披针形，背面具腺点；雌蕊与花瓣几等长，子房球形，无毛，具腺点。

果 球形，鲜红色，直径0.8-1cm，具腺点，无毛。

【引种信息】

华南植物园 自湖南绥宁（登录号20043433）、湖南桑植（登录号20070161）、福建大田

植株

1. 叶面；2. 叶背；3. 植株；4. 花序；5. 花特写；6. 果

（登录号 20113823）引种苗。生长快，长势好。

桂林植物园 自广西龙胜引种苗（引种号 msz-0107），广西金秀引种种子（引种号 msz-115）。生长快，易徒长。

峨眉山生物站 自四川峨眉山引种苗（引种号 84-0579-01-EMS）。生长良好。

武汉植物园 自广西金秀引种苗（引种号 104317）。生长缓慢，长势差。

【物　　候】

华南植物园 3 月上旬叶芽开放；3 月中旬开始展叶、4 月上旬展叶盛期；4 月上旬现花序、5 月上旬始花、5 月中旬盛花、5 月下旬开花末期；5 月下旬幼果初现、10 月中旬果熟期、翌年 1 月中旬果实脱落。

桂林植物园 2 月下旬叶芽开放；4 月上旬开始展叶、4 月中旬展叶盛期；4 月下旬现花序、6 月上旬始花、6 月中旬盛花、6 月下旬开花末期；6 月下旬幼果初现、9 月上旬果实成熟。

峨眉山生物站 5 月中旬现花序、6 月中旬始花、6 月下旬至 7 月上旬盛花；7 月下旬幼果现花序、10 月上旬果实成熟、翌年 6 月中旬果实脱落。

武汉植物园 4 月下旬叶芽开放；5 月中旬开始展叶、5 月下旬展叶盛期。栽培植株尚未开花结果。

【迁地栽培要点】

喜阴，不耐强光直射，不耐干旱和水渍。栽培土壤要求疏松、透气、不宜板结。植株容易徒长，应及时摘心修剪进行矮化，促进分枝萌发新叶。全年施肥 1–2 次，并进行松土除草。采用播种繁殖，发芽率高。未见病虫危害。

【主要用途】

1. 全株可入药，尤其根具有当归的功效，可用于治疗风湿筋骨痛、痨伤咳嗽、喉蛾、蛇咬伤、胆道蛔虫及月经不调等症。

2. 植株矮小精致，叶碧绿，果鲜红，是优良的观果观叶植物，可作盆栽观赏或林下地被植物。

7 凹脉紫金牛（别名：棕紫金牛、山脑根）

Ardisia brunnescens Walker, J. Wash. Acad. Sci. 27(5): 198. 1937.

【自然分布】

广西、广东。越南。生于阔叶林下的灌木丛中、山谷或石灰岩山坡疏林及林缘路边等半阴环境。

【迁地栽培形态特征】

灌木，高 1−1.2m。

茎 分枝多，无毛，具皱纹。

叶 坚纸质，椭圆形或椭圆状倒卵形，长 8−15cm，宽 4−5.8cm，顶端急尖或渐尖，基部楔形，全缘，两面无毛，中、侧脉明显，于叶面下凹，叶背隆起，侧脉连成边缘脉；叶柄长 1−1.2cm。

花 聚伞花序，长 2−3.5cm，着生于侧生特殊花枝顶端，无毛，被疏锈色鳞片；花梗长 0.5−1cm，被疏锈色鳞片；花长约 6mm，花萼仅基部连合，萼片长约 1mm，三角状卵形，顶端急尖，具腺点；花瓣淡黄色，卵形，顶端急尖，具腺点，外面无毛，里面近基部具细乳头状突起；雄蕊略短于花瓣，花药卵形，顶端急尖，背部具腺点；雌蕊与花瓣近等长，子房球形，具腺点，无毛。

果 球形，鲜红色，直径 5−8mm，具腺点，无毛。

植株

【引种信息】

版纳植物园 自广西那坡（引种号 00，2002，2261）引种苗。生长良好。

华南植物园 自广东阳春（登录号 20030996）、广西（登录号 20011440）、广西靖西（登录号 20040916）、桂林植物园（登录号 20041164）引种苗。生长快，长势好。

桂林植物园 自广西靖西（引种号 msz-198）、广西大新（引种号 msz-201）引种苗。生长快，适应性好。

武汉植物园 自广西大新硕龙引种苗（引种号 051180）。生长中等，长势好。

【物　　候】

版纳植物园 4 月上旬叶芽开放；4 月下旬展叶、5 月中旬展叶盛期；6 月上旬现花序、6 月下旬始花、7 月中旬盛花、7 月下旬开花末期；8 月上旬出现幼果、10 月下旬果实成熟、翌年 1 月下旬果实成熟末期。

华南植物园 2 月下旬叶芽开放；3 月上旬至 5 月上旬展叶；5 月中旬现花

1. 叶面；2. 叶背；3. 花序；4. 花特写

序、6 月中旬始花、6 月下旬至 7 月中旬盛花、7 月下旬开花末期；7 月下旬幼果初现、11 月中旬果实成熟、翌年 2 月上旬果实脱落。

桂林植物园 1 月下旬 2 月初叶芽开放；2 月上中旬展叶、4 月上旬盛叶期；6 月中旬现花序、7 月上旬始花、7 月中下旬盛花、7 月下旬开花末期；7 月下旬幼果初现、11 月下旬果实成熟、翌年 5 月上旬果实脱落。

武汉植物园 3 月中旬叶芽开放；4 月上旬至 5 月下旬展叶；6 月下旬现花序、7 月中旬始花、7 月下旬盛花、8 月上旬开花末期；8 月中旬幼果初现后有虫害，果实发育不良渐脱落。

果

【迁地栽培要点】

适应性强，喜荫蔽、通风的环境，不耐强光直射，耐寒耐热，稍耐干旱。栽培土壤应疏松透气不宜板结。枝条萌发力强，若任其生长，株形会杂乱无章，需修剪整形获得美观形状。全年施肥 1-2 次，并进行松土除草。采用播种、扦插繁殖。果实易遭蛀虫和老鼠危害。

【主要用途】

1. 全株可入药，具有清热解毒、活血止痛的功效，主治咽喉肿痛。产妇食用其根炖猪肉汤可增强体质。

2. 株形高度适中，叶脉凹凸有致，叶片紧密浓绿，果实鲜艳，适合盆栽作观叶观果植物或园林景观配置。

8 肉茎紫金牛

Ardisia carnosicaulis C. Chen & D. Fang, Guihaia 13(3): 199-200. 1993.

【自然分布】

广西。生于海拔 300-400m 的岩溶石灰岩山地林下阴湿地。

【迁地栽培形态特征】

矮小灌木，高 20-40cm。

茎 肉质，粗壮，灰褐色，具薄栓皮。

叶 略厚，带肉质，光亮，坚纸质，椭圆形、倒卵形或长圆形状披针形，长 9-18cm，宽 3-7cm，顶端急尖、渐尖或钝，基部楔形，下延至叶柄基部呈浅沟状，边缘具浅圆齿，有边缘腺点，两面无毛，背面有时具疏且微凹的腺点，中脉两面凸起，叶背比较明显，侧脉叶面平展，叶背稍隆起，直达边缘腺点，不连成边缘脉；叶柄长 1-2cm。

植株

花 伞形花序，着生于侧生特殊花枝顶端，稀腋生；花枝长 3-8cm，枝端着生 2-4 片叶，总花序轴短缩，花梗长 1-2cm；花梗、萼片、花瓣密生黑色腺点；花长约 1cm，萼片长约 3mm，近圆形，仅基部 1/4 处互相连合，先端圆状，两面无毛；花瓣白色，近阔卵状，先端急尖，两面无毛，基部微微连合，腹面腺点集中于花瓣前端 1/3 处；雄蕊长约 5mm，背着药，花药卵状三角形，顶端急状尾尖，背面有黑色腺点，腹面无腺点；雌蕊长约 9mm，子房卵珠状，无毛，密生黑色腺点，花柱离基部 1/2 处也密生淡黄色腺点。

果 球形，鲜红色，具腺点，无毛。（野外果）

【引种信息】

桂林植物园 自广西弄岗国家级自然保护区（引种号 msz-105）、广西凭祥（引种号 msz-223）引种苗。生长速度一般，msz-105 号地栽苗，因不明原因已经死亡，盆栽的 msz-223 号目前长势良好，但坐果率低。

【物　候】

桂林植物园 2 月上旬叶芽开放；2 月中旬开始展叶；5 月上旬现蕾、6 月上旬始花、6

1. 花序；2. 花特写；3. 肉质茎；4. 植株；5. 果

月中旬盛花、6 月下旬开花末期；6 月下旬至 7 月上旬幼果出现期。幼果未成熟即脱落。

【迁地栽培要点】

对环境要求不严，适应性好，抗旱抗寒的能力较强。因为具有肉质根，水分过多容易引起烂根，适合在质地疏松、透气性好的土壤上生长。目前未见病虫危害。

【主要用途】

1. 根可供药用。
2. 株形矮小，叶片光亮，果实鲜艳，适合盆栽观赏，也可用于园林绿化中林下植物配置。

9 尾叶紫金牛（别名：峨嵋紫金牛）

Ardisia caudata Hemsl. in F.B. Forb. & Hemsl., J. Linn. Soc., Bot. 26(173): 63. 1889.

【自然分布】

四川、云南、贵州、广西、广东。生于海拔 1000–2200m 的山坡、山谷密林下阴湿地。

【迁地栽培形态特征】

灌木，高约 1m。

茎 直立，有时自基部分枝，被微柔毛。

叶 膜质，长圆状或椭圆状披针形，长 4–10cm，宽 2–3cm，顶端尾状渐尖，基部宽楔形至圆形，边缘具皱波状浅圆齿，具边缘腺点，两毛无毛；叶柄长 2–5mm。

花 复亚聚伞花序或亚伞形花序，着生于侧生特殊花枝顶端，被微柔毛，花枝长 5–16cm，具 3–4 叶；花梗长 7–15mm，被微柔毛；花长 5–7mm，花萼仅基部连合，仅连合部分被微柔毛，萼片椭圆状卵形，顶端钝或急尖，无毛，具腺点；花瓣粉红色，宽卵形，顶端急尖，具腺点，里面近基部被微柔毛；雄蕊为花瓣长的 2/3，花药卵形；雌蕊与花瓣近等长，子房球形，无毛。

植株

果 球形，鲜红色，直径 5–7mm，具腺点，无毛。

【引种信息】

峨眉山生物站 自四川峨眉山中峰寺引种苗（引种号 06-0218-EM）。生长快，长势好。

武汉植物园 自四川合江福宝山引种苗（引种号 104216）。生长快，长势好。

【物 候】

峨眉山生物站 4 月下旬叶芽开放；5 月上旬开始展叶、5 月下旬盛叶；4 月中旬现花序、5 月上旬始花、5 月中旬至 6 月中旬盛花、6 月上旬至 7 月上旬开花末期；7 月中旬幼果初现、11 月上旬果实成熟、翌年 3 月中旬开始脱落。

武汉植物园 3 月下旬叶芽开放；4 月中旬开始展叶、5 月上旬展叶盛期；4 月下旬现花序、5 月上旬始花、5 月中旬盛花、5 月下旬开花末期；6 月上旬幼果初现、9 月下旬果成熟期、10 月上旬果实脱落。

1. 花正面；2. 花序；3. 花背面；4. 叶面；5. 叶背；6. 果

【迁地栽培要点】

半阴、喜温暖植物，栽植于通风及排水良好的肥沃土壤，微酸或中性土壤为佳。早春进行采种，现采现播，待气温到18℃，种子便开始发芽出苗。植株露地栽培，宜选半阴林下肥沃、湿润的土壤进行栽培。全年施肥1-2次，并进行中耕除草等常规管理。在进行成年苗移栽时，若不能带有泥球，可将离地面5cm以上剪去，这样成活率在90%以上。暂未发现病虫害。

【主要用途】

1. 全株可入药，具有解毒利喉、祛风除湿等功效，用于治疗牙痛、咽喉炎、淋巴结肿大、胃痛、风湿痛、跌打骨折。

2. 株形紧凑，果实鲜红靓丽，挂果时间长，适宜作盆栽观赏或林下地被景观配置。

10 小紫金牛（别名：石狮子、产后草、华紫金牛）

Ardisia chinensis Benth., Fl. Hongk. 207. 1861.

【自然分布】

四川、广西、广东、湖南、江西、福建、浙江、台湾。日本、越南、马来西亚。生于海拔300–800m的混交林下、山坡、山谷、沟边等阴湿地。

【迁地栽培形态特征】

蔓生灌木。

茎 具匍匐茎，茎长15–45cm，幼嫩部分密被锈色鳞片。

叶 坚纸质，带肉质，倒卵形或椭圆形，长2–7cm，宽1–3cm，顶端急尖或钝，基部楔形，全缘或中部以上具疏波状齿，两面无毛，背面被疏鳞片，侧脉多数，连成近边缘的边缘脉；叶柄长约0.5cm，被锈色鳞片。

花 亚伞形花序，腋生，长2–3cm，被锈色鳞片；花梗长5–7mm，被锈色鳞片；花长约5mm，花萼仅基部连合，萼片三角状卵形，顶端急尖，长约1mm，无毛，具疏腺点；花瓣白色，宽卵形，顶端渐尖，背面无毛，里面近基部被微柔毛，无腺点；雄蕊略短于花瓣，花药卵形，顶端急尖；雌蕊与花瓣几等长，子房球形，无毛。

果 球形，黑色，直径5–8mm，无毛，无腺点。

【引种信息】

华南植物园 自广西资源引种苗（登录号20120399）。生长快，长势好。

桂林植物园 自广西阳朔（引种号msz-94）、广西金秀（引种号msz-117）引种苗。生长快，长势好。

武汉植物园 自广西桂林龙胜引种苗（引种号113581）。生长快，长势好。

植株

幼果

1. 花序；2. 花特写；3. 叶面；4. 叶背；5. 果

【物　　候】

华南植物园　3 月上旬叶芽开放；3 月中旬开始展叶、3 月下旬展叶盛期；4 月上旬现花序、4 月下旬始花、5 月上旬盛花、5 月中旬开花末期；5 月中旬幼果初现、11 月下旬果实成熟、翌年 1 月上旬果实脱落。

桂林植物园　2 月下旬叶芽开放；3 月上旬开始展叶、3 月中旬展叶盛期；4 月上旬现花序、6 月上旬始花、6 月中旬盛花、6 月下旬开花末期；6 月中旬幼果初现、11 月下旬果实成熟。

武汉植物园　4 月下旬叶芽开放；5 月下旬开始展叶、6 月上旬展叶盛期；6 月中旬始花、6 月下旬盛花、7 月上旬开花末期；7 月上旬幼果初现、翌年 2 月中旬果实成熟、3 月果实脱落。

【迁地栽培要点】

喜阴，忌阳光直射。适应性强，对土壤要求不严格，在疏松透气、有机质含量丰富的土壤里生长旺盛。栽培管理粗放，日常注意给足水分、适时中耕除草即可。主要采用播种、压条繁殖方法。少见病虫害。

【主要用途】

1. 全株可入药，具有活血散瘀、解毒止血功效，可用于治疗肺结核、跌打损伤、黄疸、闭经等症。现代医学研究表明小紫金牛还具有抑菌、降酶护肝、抗乙型肝炎病毒的作用。

2. 植株叶片翠绿，根茎匍匐性强，着叶多，是优良的地被植物，适合制作垂吊型盆栽，亦可作为庭院、公园、高架桥下的地被绿化。

11 伞形紫金牛（别名：紫背禄、不待劳、毛高、西南紫金牛）

Ardisia corymbifera Mez in Engl., Pflanzenr. IV. 236(Heft 9): 149. 1902.

【自然分布】

云南、广西。越南。生于海拔 300–1800m 的常绿阔叶林下、灌丛中，以及土山、石灰岩山地林下均有分布。

【迁地栽培形态特征】

灌木，高 1–1.2m。

茎 具皮孔，幼枝被短柔毛，除侧生特殊花枝外无分枝。

叶 坚纸质，狭长圆状倒披针形，长 6–14cm，宽 1.5–3cm，顶端近尾状渐尖，基部广楔形，微下延，边缘具微波状齿，齿间具腺点，叶面无毛，背面密被卷曲的柔毛，具密腺点，中脉隆起，侧脉多数，平整，不连成边缘脉；叶柄长 5–8mm，被柔毛。

花 复伞形花序，生于侧生特殊花枝顶端，花枝很长，约 40cm；花梗长约 1cm，被微柔毛；花长约 8mm，花萼仅基部连合，萼片卵形或长圆状卵形，顶端钝或急尖，无毛，具腺点；花瓣淡粉色至白色，宽卵形，顶端急尖，具腺点，外面无毛，里面被微柔毛；雄蕊略短于花瓣，花药披针形；雌蕊与花瓣近等长，子房球形，具腺点，无毛。（野外花）

果 球形，鲜红色，具腺点，无毛。（野外果）

植株

【引种信息】

华南植物园 自云南西双版纳引种苗（登录号 20111963）。生长缓慢，长势较差。

桂林植物园 自广西靖西引种苗（引种号 msz-026）。生长缓慢，长势较差。

【物　　候】

华南植物园 2 月中旬叶芽开放；2 月下旬至 4 月下旬展叶。未见开花结果。

桂林植物园 2 月中下旬展叶、3 月上中旬展叶盛期。未见开花结果。

【迁地栽培要点】

喜阴，忌强光直射。华南植物园和桂林植物园的植株在夏天高温季节生长受阻，掉叶，冬天受轻微冻害，夏天应注意遮阴喷水降温，冬天注意防寒保暖。栽培土质应疏松透气不宜板结，室外宜定植于水边、林下等阴凉处。全年施肥 1–2 次，以壮苗、保花促果为主。

1. 叶面；2. 叶背；3. 果枝；4. 花序；5. 花特写；6. 果

【主要用途】

1. 根、叶可入药，具有清热解毒、消肿止痛、散瘀、祛风除湿、通筋活络的功效，用于治疗咽喉肿痛、风湿性关节炎、跌打损伤。

2. 植株树冠庞大如伞，枝叶茂盛，果子鲜红，是优良的观果树种，适宜林下、水边及假山等园林景观配置。

12 粗脉紫金牛

Ardisia crassinervosa Walker, Philipp. J. Sci. 73(1-2): 86-88. 1940.

【自然分布】

海南。生于海拔 100–1800m 的阔叶林下、山坡、山谷、灌丛、开阔的坡地。

【迁地栽培形态特征】

灌木，高 1.5m。

茎 披散，无毛，小枝具皱纹，除侧生特殊花枝外无分枝。

叶 革质，长圆状倒披针形，长 4–11cm，宽 1.5–3cm，顶端渐尖或急尖，基部楔形，边缘具圆齿，齿间具腺点，两面无毛，侧脉连成明显的边缘脉；叶柄长约 5mm，无毛。嫩叶浅绿色，叶缘红色。

植株

花 亚伞形花序，长 3–10cm，生于侧生特殊花枝顶端；花梗长 0.8–1.2cm，无毛；花长约 8mm，花萼仅基部连合，萼片宽卵形或近圆形，顶端急尖，基部略耳形，相互重叠，长约 4mm，具腺点；花瓣淡粉色或淡紫色，宽卵形，顶端急尖，具腺点，外面无毛，里面具微柔毛；雄蕊略短于花瓣，花药披针形，背面具腺点；雌蕊与花瓣几等长，子房球形，具腺点，无毛。

果 球形，红色，直径 0.8–1cm，具腺点，无毛。

【引种信息】

华南植物园 自海南引种苗（登录号 20031219、20112625）。生长快，长势好，坐果率低。

【物　　候】

华南植物园 2 月下旬叶芽开放；3 月上旬开始展叶、3 月中旬展叶盛期；2月底现花序、4 月上旬始花、4 月中旬盛花、5 月中旬开花末期；5 月中旬幼果初现、7

1. 嫩叶；2. 叶背；3. 叶面；4. 花特写；5. 果；6. 植株

月下旬果实陆续成熟、8 月下旬果实脱落。

【迁地栽培要点】

半阴性植物，能耐一定光照。宜选择林下或林缘处，腐殖质较多，潮湿，微酸性土壤种植。盆栽基质以泥炭土或腐殖土为主。植株枝条易披散不成形，日常注意修剪和搭建支架。采用播种、扦插繁殖。未见病虫危害。

【主要用途】

四季常绿、花粉果红，适宜室内盆栽或林下地被园林配置。

13 肉根紫金牛

Ardisia crassirhiza Z.X. Li & F.W. Xing ex C.M. Hu, Bot. J. South China 1:9. 1992.

【自然分布】

海南。生于海拔约700m的石灰岩山地。

【迁地栽培形态特征】

小灌木，高约60cm。

茎 植株具粗厚的肉质根，根直径2–3cm；幼枝被微柔毛，老枝无毛，具皮孔。

叶 近革质，倒披针形，长4.5–8cm，宽1.2–2cm，顶端渐尖，基部楔形，边缘中部以上具浅圆齿，齿间具腺点，两面无毛，具腺点，中、侧脉于叶背微隆起，侧脉连成近边缘的边缘脉；叶柄长约5mm。

花 伞形花序，生于侧生特殊花枝顶端；花梗长4–7mm，无毛，具黑色密腺点；花长约5mm，花萼仅基部连合，萼片长约2mm，长圆状卵形，顶端点尖，两面无毛，具黑色密腺点；花瓣淡绿色至白色，卵形，顶端急尖，具黑色密腺点；雄蕊与花瓣近等长，花药披针形，顶端急尖，背面密被黑色腺点；雌蕊与花瓣等长，子房球形，具腺点，无毛。

植株

果 球形，红色，直径6–8mm，具腺点，无毛。

【引种信息】

华南植物园 自海南（登录号20030531）、海南昌江（登录号20052141）引种苗。生长缓慢，长势较差，坐果率低。

【物　候】

华南植物园 2月上旬叶芽开放；3月上旬至4月下旬展叶；5月上旬现花序、5月下旬始花、6月上旬盛花、6月中旬开花末期；6月中旬幼果初现、10月中旬果实成熟、11月上旬果实脱落。

【迁地栽培要点】

喜阴凉、通风环境。植株有肉质根茎，不耐水渍，对土壤要求较严格，应采用疏松透气不易板结的土质栽培。雨水季节防水涝，日常浇水亦不可过多，水分过多容易引起根部腐烂。采用播种、扦插繁殖。偶有根腐病和花腐病危害。

1．叶面；2．肉质根；3．叶背；4．花序；5．花特写；6．果

【主要用途】

植株矮小，叶片碧绿，果实鲜红，适宜盆栽观赏。

14 硃砂根（别名：凉伞遮金珠、平地木、万金雨）

Ardisia crenata Sims, Bot. Mag. 45: pl. 1950. 1817.

【自然分布】

西藏、云南、广西、海南、广东、湖南、湖北、江西、安徽、江苏、浙江、福建、台湾。日本、缅甸、印度、越南、泰国、柬埔寨、菲律宾、马来西亚。生于海拔90-2400m的常绿阔叶林下、山坡、山谷等阴暗潮湿地。

【迁地栽培形态特征】

灌木，高1-1.5m。

茎 直立，粗壮，无毛，除侧生特殊花枝外，无分枝。

叶 坚纸质或革质，椭圆形或椭圆状披针形，长7-18cm，宽2.5-5cm，顶端渐尖，基部楔形，边缘具皱波状圆齿，齿间具腺点，两面无毛，具腺点，叶背绿色，侧脉连成边缘脉；叶柄长5mm。

植株

花 聚伞花序或伞形花序，着生于侧生特殊花枝顶端，花枝长8-38cm，无毛；花梗长0.5-1.5cm，无毛；花长约5mm，花萼仅基部连合，萼片卵形或长圆状卵形，萼片长1-1.5mm，顶端圆形，具腺点；花瓣白色，卵形，顶端急尖，具腺点，花时反卷；雄蕊略短于花瓣，披针形，顶端急尖，背面具腺点；雌蕊与花瓣近等长，子房球形，具腺点，无毛（峨眉山生物站栽种的植株花瓣略带粉红色）。

果 球形，鲜红色，直径0.8-1.1cm，具腺点，无毛。

【引种信息】

版纳植物园 自华南植物园引种种子（引种号00，2002，0247）。生长良好。

华南植物园 自马来西亚引种种子（登录号19640769），自广东连县（登录号19970040）、湖南炎陵桃源洞（登录号20043277）、湖南桑植（登录号20070167）、福建建宁（登录号20112515）引种苗。生长快，长势好。

桂林植物园 自广西阳朔（引种号msz-091）、灵川（引种号msz-101）引种苗。

1. 叶片；2. 叶背；3. 花特写；4. 花枝；5. 花序

生长快，长势好。

峨眉山生物站　自四川峨眉山引种苗（引种号 84-0573-01-EMS）。生长快，长势好。

武汉植物园　自江西龙南县（引种号 094865）、广西三江（引种号 120156）引种苗。生长中等，长势中等。

【物　候】

版纳植物园　4 月上旬叶芽开放；4 月中旬展叶、5 月上旬展叶盛期；4 月下旬现花序、5 月中旬始花、6 月上旬盛花、7 月上旬开花末期；7 月上旬出现幼果，11 月上旬果实成熟，翌年 4 月下旬果实脱落。

华南植物园 3月上旬叶芽开放；3月中旬至5月中旬展叶；4月下旬现花序、5月中旬始花、5月下旬盛花、6月中旬开花末期；6月中旬幼果初现、12月中旬果实成熟，翌年3月下旬果实脱落。

桂林植物园 2月中旬叶芽开放；2月下旬开始展叶、3月中旬展叶盛期；4月下旬现花序、5月下旬始花、6月中旬盛花、6月下旬开花末期；6月中旬幼果初现、11月下旬果实成熟、翌年4月果实开始脱落。

峨眉山生物站 3月中旬叶芽开放；3月下旬至5月下旬展叶；5月下旬始花、6月上旬盛花、6月下旬开花末期；7月上旬幼果初现、10月中旬果实成熟、翌年3月中旬果实脱落。

武汉植物园 5月中旬叶芽开放；5月下旬至6月上旬为展叶期；6月上旬现花序、6月中旬始花、6月下旬盛花、7月上旬开花末期；7月上旬幼果初现、12月上旬果实成熟、翌年3月上旬脱落。

【迁地栽培要点】

喜阴凉、通风的环境，不耐干旱和暴晒，炎热夏季需遮阴，但过分荫蔽不通风的环境容易造成徒长，结实率低，引发病虫危害的现象。宜定植于林缘、背阴向阳的环境。盛花期通过打顶和喷施0.2%硼砂可以显著提高坐果率。冬季果实转为红色，生长量减少时，应控制肥水。采用播种、扦插、压条、组培繁殖。华南植物园栽培的植株未见病虫危害；版纳植物园室外栽培的植株偶有青枯病危害；桂林植物园室内外栽培的植株有根腐病、根肿病、根线虫病、茎腐病危害。

果实

【主要用途】

1. 根、叶可入药，具有消肿止痛、祛风除湿、清热解毒、止咳平喘等功效，可用于治疗咽喉肿痛、风湿性关节炎、跌打损伤等症；外用可治外伤肿痛、骨折、毒蛇咬伤等症。果可食，亦可榨油制肥皂。

2. 株形优美，枝繁叶茂，果实鲜红夺目，挂果期长，是优良的观果植物，已被园艺界广泛栽培，具有较多的园艺品种。

附注1：红凉伞［*Ardisia crenata* Sims var. *bicolor*（Walker）C.Y. Wu et C. Chen，云南植物志，1：348. 1977］原是硃砂根的变种，产地与硃砂根相同。二者除了叶背、花梗、花萼及花瓣的颜色存在不同外，植株外形差异不大，压制成标本后亦无法区分。因此，《中国植物志》和 *Flora of China* 将二者予以归并。

红凉伞花枝

红凉伞果

附注2：分布于浙江省苍南县腾洋乡北山一带，生于疏林下山谷阴湿地的硃砂根，果实为黄色，被定为一变型——黄果硃砂根［*Ardisia crenata* Sims f. *xanthocarpa* F.Y. Zhang et G.Y. Li，西北植物学报，30（4）：0420-0421. 2010］。

黄果朱砂根花枝

黄果朱砂根果

15 百两金 （别名：开喉箭、高脚凉伞）

Ardisia crispa (Thunb.) A. DC., Trans. Linn. Soc. London 17(1): 124. 1834.

【自然分布】

四川、云南、贵州、广西、广东、湖南、湖北、江西、安徽、江苏、浙江、福建、台湾。日本、韩国、越南、印度尼西亚。生于海拔100-2500m的常绿阔叶林下、山谷、山坡等阴湿地。

【迁地栽培形态特征】

灌木，高0.5-1.2m。

茎 无毛，褐色，具皮孔。

叶 膜质，狭长圆状披针形或椭圆状披针形，长6-17cm，宽1-3cm，顶端渐尖，基部楔形，边缘具明显的边缘腺点，两面无毛，侧脉5-13对，边缘脉不明显；叶柄长约8mm。

花 亚伞形花序，生于侧生特殊花枝顶端，花枝长6-23cm，花枝被细微柔毛；花梗长1-1.5cm，被微柔毛；花长5-6cm，花萼仅基部连合，萼片长圆状卵形，顶端急尖或钝，长1.5-2mm；花瓣淡粉色至白色，卵形，顶端急尖，外面无毛，里面被细微柔毛；雄蕊略短于花瓣，花药披针形，顶端急尖，背面具疏腺点；雌蕊与花瓣等长或略短，子房球形，无毛，具腺点。

果 球形，鲜红色，直径5-6mm，具腺点，无毛。

【引种信息】

华南植物园 自江西宜春（登录号20053031）、湖南桑植（登录号20070221）、湖北恩施（登录号20103069）引种苗。生长快，长势中等，坐果率低。

桂林植物园 自广西融水（引种号msz-065）、广西金秀（引种号msz-113）引种苗。生长快，长势中等，坐果率低。

峨眉山生物站 园内原有。1985年3月自四川峨眉山引种苗（引种号85-0572-01-EMS）。生长快，生长好。

武汉植物园 自贵州独山引种苗（引种号104552）。生长缓慢，长势中等，未见开花结果。

植株

花蕾

1. 花特写；2. 植株；3. 叶面；4. 叶背；5. 果

【物　　候】

华南植物园　3 月上旬叶芽开放；3 月中旬开始展叶、3 月下旬展叶盛期；3 月下旬现花序、4 月中旬始花、4 月下旬盛花、5 月上旬开花末期；5 月上旬幼果初现、10 月中旬果实成熟、翌年 1 月中旬果实脱落。

桂林植物园　2 月下旬叶芽开放；3 月中旬展叶、3 月下旬盛叶期；4 月上或中旬现花序、5 月中旬始花、5 月下旬盛花、5 月下旬至 6 月上旬开花末期；6 月中旬幼果初现，11 月中旬果实成熟。

峨眉山生物站　4 月下旬现花序、5 月下旬始花、6 月中旬盛花、6 月下旬开花末期；6 月下旬幼果初现、10 月下旬果实成熟、翌年 2 月中旬果实开始脱落，偶有果实可挂到 5 月中旬。

武汉植物园　5 月中旬叶芽开放；5 月下旬开始展叶、6 月上旬展叶盛期；6 月中旬幼果初现，11 月中旬果实成熟。

【迁地栽培要点】

喜阴，不耐光，夏季需遮阴。栽培土质要求疏松不易板结。春夏秋生长旺季加强肥水管理，薄肥多施。冬季休眠期注意控肥控水。植株任其生长会杂乱无章，注意修剪造型。主要采用播种和扦插繁殖。少见病虫危害。

【主要用途】

1. 根、茎、叶可入药，具有清热解毒、清咽利喉、止血消炎、利湿祛痰等功效，还具有细胞毒活性和抗肿瘤作用，内服可治疗风湿痹痛、咽喉肿痛、湿热黄疸、乳腺炎、睾丸炎等症；外用于跌打损伤、疔疮、无名肿毒、蛇咬伤等症。

2. 株形紧凑，叶片狭长碧绿，花量多，色彩鲜艳，适宜盆栽观赏或园林景观点缀。

16 粗茎紫金牛

Ardisia dasyrhizomatica C.Y. Wu & C. Chen in C. Chen, Fl. Yunnan. 1: 358. 1977.

【自然分布】

云南。生于海拔约100m的常绿阔叶林下阴湿地。

【迁地栽培形态特征】

小灌木，高25–30cm。

茎 粗壮，直径1–2cm，无毛，不分枝。

叶 宽大，厚实，坚纸质，聚生于茎顶端，广椭圆状倒卵形或倒卵形，长21–35cm，宽10–16cm，顶端广急尖，基部下延而成狭翅，边缘具紧密的啮蚀状齿，两面被细微柔毛，叶面脉下凹，背面脉隆起，具稀疏腺点；叶柄长2–6cm，具皱波状翅。

植株

花 由伞形花序组成的总状圆锥花序，腋生，长9–18cm，被微柔毛；花梗长1.2–2cm，被微柔毛；花长5–7mm，花萼基部连合，萼片卵形，顶端急尖，长约3mm，无毛，无腺点；花瓣淡粉色，广椭圆状卵形，顶端急尖，具腺点，无毛；雄蕊较花瓣略短，花药披针状卵形，背部无腺点；雌蕊与花瓣几等长，子房球形，被细微柔毛。

果 栽培植株尚未结果。

【引种信息】

华南植物园 自云南文山引种苗（登录号20130159）。生长快，长势良好，花量多，但不结果。

【物　候】

华南植物园 3月上旬叶芽

1. 叶面；2. 叶背；3. 花序；4. 花序；5. 花特写

开放；3 月中旬开始展叶；4 月上旬现花序、5 月上旬始花、5 月中旬盛花、5 月下旬开花末期。第二次花期在 7–8 月。花后不结果。

【迁地栽培要点】

喜阴凉通风环境，对环境要求较严，不耐高温炎热，不耐寒，不耐干旱和水涝。栽培土质要求疏松透气、排水良好、腐殖质丰富。日常浇水注意不可过多过少，应始终保持土壤湿润。炎热夏季做好遮阴和水分管理。冬季气温低于 5℃时，植株叶片易受冻，应在室内过冬。迁地栽培条件下不结实，采用茎节、叶片扦插和压条繁殖成活率高。夏季常有叶斑病危害。

【主要用途】

本种是优良的观叶、观花植物，适合室内盆栽观赏，其株形紧凑，高度适中，叶片墨绿肥大似扇子，叶脉凹凸有致，背面的叶脉深红色，像人体的血管一样密布整个叶背；花序长，总梗、花梗、萼片呈红色，花瓣呈淡粉色，花朵繁密，美丽大方。

17 密鳞紫金牛（别名：罗芒树、大叶紫金牛、仙人血树）

Ardisia densilepidotula Merr., Lingnan Sci. J. 6(3): 284. 1930.

【自然分布】

海南。生于海拔250–3000m的常绿阔叶林下、山坡、山谷中。

【迁地栽培形态特征】

小乔木，最高植株达6m。

茎 小枝被锈色鳞片，枝条粗壮，分枝多。

植株

叶 革质，倒卵形或倒披针形，长12–24cm，宽4–8cm，顶端渐尖，基部楔形，全缘，叶面无毛，背面密被锈色鳞片，中脉于叶背隆起，侧脉多数，不明显，平整，连成边缘脉；叶柄长1–1.2cm，被锈色鳞片。

花 由亚伞形花序组成的圆锥花序，花序长4–8cm，生于侧枝顶端，密被锈色鳞片；花梗长约5mm，被锈色鳞片；花长约5mm，花萼仅基部连合，萼片长1.5–2cm，三角状卵形，顶端急尖，具腺点，无毛；花瓣粉紫色，卵形，顶端钝，具腺点，无毛；雄蕊略短于花瓣，花药卵形，顶端急尖，无腺点；雌蕊与花瓣近等长或略长，子房球形，无腺点，无毛。

果 球形，黑色，直径5–6mm，无腺点，无毛。

【引种信息】

版纳植物园 自海南陵水引种种子（引种号00，2001，3560）。生长良好，长势良好。

华南植物园 自海南（登录号20011063）、海南昌江（登录号20052131）引种苗。生长良好，长势良好，坐果

1. 叶面；2. 花特写；3. 叶背；4. 花枝；5. 花序；6. 果实

率低。

【物　　候】

版纳植物园　4 月中旬叶芽开放；4 月下旬至 5 月下旬展叶；5 月中旬花蕾出现、6 月中旬始花、7 月上旬盛花、7 月下旬开花末期。花后未见果。

华南植物园　3 月下旬叶芽开放；4 月上旬至 5 月中旬展叶；5 月下旬现花序、6 月中旬始花、6 月下旬盛花、7 月上旬开花末期；7 月上旬幼果初现、12 月上旬果实成熟、翌年 1 月下旬果实脱落。

【迁地栽培要点】

喜阴，有一定的耐光性。春季移栽成活率高，宜选林下或林缘处种植。对土质要求不严，但以腐殖质丰富、疏松透气的微酸性土壤种植为最佳。发枝力强，日常注意整形修剪。全年施肥 1-2 次，配合中耕除草。采用播种、扦插繁殖。生性强健，少见病虫危害。

【主要用途】

1. 树皮、根皮可入药，益气血、强筋骨，用于治疗痢疾、腹泻、贫血、产后体虚、关节酸痛。

2. 树形高大，枝叶茂盛，适宜作为行道树或庭园观赏树。

18 圆果罗伞

Ardisia depressa C.B. Clarke in Hook. f., Fl. Brit. India 3(9): 522. 1882.

【自然分布】

云南、四川、贵州、广西、广东。印度、越南。生于海拔 300–1600m 的山坡密林下、沟谷林中。

【迁地栽培形态特征】

灌木，高 1–3.5m。

茎　分枝多，幼枝具锈色鳞片，枝条无毛，具皮孔。

叶　坚纸质，椭圆形、椭圆状披针形或倒披针形，长 7–14cm，宽 3–4cm，顶端渐尖，基部楔形，全缘，两面无毛，背面被细微锈色鳞片，侧脉多数，与中脉几呈直角，连成边缘脉；叶柄长 1–15cm，具锈色鳞片。

植株

花　伞形花序或复伞形花序，长 2–7cm，腋生或生于侧生花枝顶端，被锈色鳞片；花梗长 5–9mm，被锈色鳞片；花长约 0.5mm，萼片三角状卵形，顶端急尖，长约 1mm，具疏腺点，无毛；花瓣白色至淡粉色，卵形，顶端急尖，具疏腺点；雄蕊略短于花瓣，花药卵形，背面具腺点；雌蕊略长于花瓣，子房球形，无毛，具腺点。

果　球形，暗红色至黑色，直径 5–8mm，无毛，无腺点。

【引种信息】

版纳植物园　自生苗。生长良好。

华南植物园　自广西桂林引种苗（登录号 20042788）。生长快，长势好。

桂林植物园　自广西弄岗国家级自然保护区（无引种号）、广西上林（引种号 msz-040）引种苗。生长快，长势好。

武汉植物园　自贵州赤水引种苗（引种号 114130）。生长快，长势好。

【物　候】

版纳植物园　2 月下旬叶芽开放；3 月中旬至 5 月中旬展叶；2 月下

1. 叶面；2. 花特写；3. 叶背；4. 花枝；5. 花序；6. 果实

旬现花序、3 月中旬始花、3 月下旬盛花、4 月上旬开花末期；3 月下旬幼果初现、10 月下旬果成熟、12 月下旬果实成熟末期。

华南植物园 3 月上旬叶芽开放；3 月中旬开始展叶、3 月下旬展叶盛期；3 月中旬现花序、4 月中旬始花、4 月下旬盛花、5 月中旬开花末期；5 月中旬幼果初现、12 月中旬果实成熟、翌年 2 月上旬果实脱落。

桂林植物园 5 月上中旬始花、5 月中下旬盛花、6 月初开花末期；6 月上旬幼果初现，12 月中旬果实成熟。

武汉植物园 4 月中旬叶芽开放；4 月下旬开始展叶、5 月上旬为展叶盛期；5 月中旬现花序、5 月下旬始花、6 月上旬盛花、6 月中旬开花末期；6 月中旬幼果初现、11 月中旬果实成熟、12 月下旬果实脱落。

【迁地栽培要点】

喜阴，能耐一定光照。适应性强，对土壤要求不严，栽培成活率高，管理粗放，全年只需进行老叶枯枝修剪、中耕除草等常规管理，生长期未追施肥料长势也很好。未见病虫危害。

【主要用途】

1. 叶可入药，有止血功能，可治鼻出血、牙龈出血、便血、尿血等症。现代医学实验证明其对非小细胞肺癌 A549 细胞有显著的抑制作用。

2. 株形适中，四季常绿，枝叶茂盛，适宜在园林中作绿篱或绿化树种。

19 东方紫金牛（别名：春不老）

Ardisia elliptica Thunb., Nov. Gen. Pl. 8: 119. 1798.

【自然分布】

中国台湾。日本、越南、印度、菲律宾、斯里兰卡、马来西亚、印度尼西亚、巴布亚新几内亚。生于热带地区的海岸边、田野、林缘、灌丛等。

【迁地栽培形态】

灌木，高1–2.5m。

茎 树干粗壮，基部分叉多，枝条无毛。

叶 坚纸质，倒披针形、倒卵形或椭圆形，长8–15cm，宽3–4.8cm，顶端钝或急尖，基部楔形，全缘，两面无毛，叶背中脉隆起，侧脉不明显，连成边缘脉；叶柄长0.5–1cm。嫩叶红色。

花 亚伞形花序，长1.5–2.5cm，腋生或近顶生，无毛；花梗长约1cm，无毛；花长0.8–1cm，花萼仅基部连合，萼片长约2mm，顶端圆形，基部近耳形，微重叠，腺点不明显，边缘具缘毛；花瓣粉红色，长圆状披针形，顶端渐尖，无腺点，花时反折；雄蕊略短于花瓣，

植株

果枝

1. 嫩叶；2. 叶面；3. 叶背；4. 花序；5. 花特写；6. 果

花药披针形，顶端急尖，背面具腺点；雌蕊与花瓣近等长，子房球形，无毛，无腺点。

果 扁球形，红色至紫黑色，直径 6-8mm，无毛，无腺点。

【引种信息】

华南植物园 自深圳仙湖植物园引种苗（登录号 20051556）。生长快，长势好。

武汉植物园 引种信息遗失。生长慢，长势好，坐果率低。

【物　　候】

华南植物园 3 月上旬叶芽开放；3 月中旬至 4 月下旬展叶；5 月中旬现花序、6 月上旬始花、6 月中旬盛花期、7 月中旬开花末期；7 月中旬幼果初现、10 月下旬果实成熟、12 月中旬果实脱落。

武汉植物园 4 月上旬叶芽开放；5 月上旬至下旬展叶；5 月下旬现花序、6 月上旬始花、6 月中旬盛花期、7 月上旬开花末期；7 月下旬幼果初现、12 月上旬果实未完全成熟即开始脱落。

【迁地栽培要点】

喜半阴环境，有一定的耐光性，能受阳光直射。生性强健，不择土质，栽培成活率高。夏、秋季节要求给足水分，适时中耕除草、整形修剪，生长期未追施肥料长势也很好。少见病虫危害。

【主要用途】

本种在世界热带地区有广泛栽培，其树形优美，嫩叶红色美丽，枝条萌发力强，耐修剪，适宜修剪造型，可作景观树、行道树、庭院树或绿篱。

20 剑叶紫金牛（别名：开喉箭）

Ardisia ensifolia Walker, Philipp. J. Sci. 73(1-2): 124-126. 1940.

【自然分布】

云南、广西。生于海拔700m的常绿阔叶林下的山坡、石缝间、沟边等阴湿地。

【迁地栽培形态特征】

灌木，高35–45cm或1m。

茎 纤细，无毛，无分枝，灰褐色，具叶痕。

叶 常聚生于枝顶端，革质，狭披针形至线形，长5–19cm，宽1–2cm，顶端渐尖，基部楔形，边缘腺点明显，两面无毛，中脉于叶面下凹，背面隆起，侧脉多数，不明显，连成近边缘的边缘脉；叶柄长1–1.2cm。

花 亚伞形花序，着生于侧生特殊花枝顶端，花枝无叶，长2-4cm，花梗长1-1.2cm，花枝和花梗均密被细柔毛；花长约6mm，花萼基部合生，宽椭圆形或阔卵形，顶端钝或微凹，长约3mm，密被腺点，无毛；花瓣红色，长圆状卵形，具腺点；雄蕊略短于花瓣，花药披针形；雌蕊与花瓣几等长，子房阔卵形，无毛。

植株

果 栽培植株尚未结果。

【引种信息】

华南植物园 自广东阳春鹅凰嶂保护区引种苗（登录号20060278）。生长缓慢，长势中等。

桂林植物园 自广西那坡（引种号msz-169）、广西靖西（引种号msz-182）引种苗。生长缓慢、耐热性差，常掉叶。

峨眉山生物站 自湖北恩施冬升植物开发有限责任公司引种苗（引种号12-1269-HB）。生长良好。

武汉植物园 自广西凤山县巴腊猴山引种苗（引种号120362）。生长缓慢。

【物 候】

华南植物园 3月上旬叶芽开放；3月中旬至5月中旬展叶。未见花果。

桂林植物园 2月上旬叶芽开放；2月下旬展叶、3月中旬盛叶。未见花果。

峨眉山生物站 4月下旬至6月上旬展叶；5月中旬现蕾、6月中旬始花、6月下旬

1-2. 植株；3. 叶正背面；4. 花蕾

至 7 月上旬盛花、7 月中旬末花。花后未见果。

武汉植物园 4 月上旬叶芽开放；4 月下旬至 5 月下旬展叶。未见花果。

【迁地栽培要点】

喜温暖湿润、荫蔽通风的环境。栽培土质要求疏松不易板结。春季移栽成活率高。不耐干旱，夏季高温干燥天气加强水分管理。植株枝条柔软容易倒伏，可插木签进行固定。日常注意修剪枯枝。采用扦插繁殖。未见病虫危害。

【主要用途】

1. 根、叶可入药，具有清热解毒、镇咳祛痰、活血、利尿等功效。配伍治喉蛾，根可用于乳蛾。

2. 植株高度适中，叶形特别，是优良的观叶植物，可盆栽观赏或园林绿化。

21 月月红（别名：毛虫草、红毛马胎、江南紫金牛）

Ardisia faberi Hemsl. in F.B. Forb. & Hemsl., J. Linn. Soc., Bot. 26(173): 64. 1889.

【自然分布】

云南、四川、贵州、广西、海南、广东、湖南、湖北。生于海拔 1000–1300m 的常绿阔叶林下、山谷、溪边、路旁、岩石裂缝等阴湿地。

【迁地栽培形态特征】

蔓生灌木。

茎 密被锈色或白色长柔毛，具匍匐茎，茎长 15–35cm。

叶 轮生或对生，坚纸质，椭圆状披针形，长 5–10cm，宽 2.5–3.5cm，顶端渐尖，基部楔形，边缘具粗锯齿，两面被长柔毛，侧脉不连成边缘脉；叶柄长 5–6cm，密被长柔毛。嫩叶红色。

花 亚伞形花序，腋生或生于节间互生的钻形苞片腋间，长 1.5–2.5cm，被长柔毛；花梗长 5–10mm，被长柔毛；花长 4–6mm，花萼基部几分离，萼片狭披针形，长约 4mm，外面密被长柔毛；花瓣紫红色，宽卵形，顶端急尖，无毛；雄蕊略短于花瓣，花药卵形，背部无腺点；雌蕊与花瓣几等长，子房球形，无毛。

果 球形，红色，直径 6–8mm，被微柔毛。

【引种信息】

华南植物园 自广东南岭自然保护区引种苗（登录号 20041281）。生长快，长势好。

桂林植物园 自广西龙胜（引种号 msz-388）、广西兴安（引种号 msz-139）引种苗。生长快，长势好。

峨眉山生物站 自四川峨眉山引种苗（引种号 08-0628-EM）。生长缓慢，长势良好。

武汉植物园 自广西桂林引种苗（引种号 045879）。生长中等，长势中等。

植株

花特写

1. 叶面；2. 嫩叶；3. 叶背；4. 花序；5. 花特；6. 果

【物　　候】

华南植物园　3 月下旬叶芽开放；4 月上旬开始展叶、4 月中旬展叶盛期；4 月上旬现花序、4 月下旬始花、5 月上旬盛花、5 月中旬开花末期；5 月中旬幼果初现、12 月中旬果实成熟、翌年 1 月中旬果实脱落。

桂林植物园　2 月下旬叶芽开放；3 月中旬开始展叶、4 月上旬展叶盛期；5 月上旬始花、5 月中旬盛花、5 月下旬开花末期；6 月上旬幼果初现、12 月中下旬果实成熟。

峨眉山生物站　5 月中旬叶芽萌动；5 月下旬现花序，6 月上、中旬始花，6 月中、下旬盛花，7 月上旬末花期；7 月中旬幼果初现、12 月中旬果实成熟、翌年新果出现后成熟果实脱落。

武汉植物园　6 月中旬叶芽开放；6 月下旬至 7 月上旬展叶；4 月下旬现花序、5 月中旬始花、5 月下旬盛花、6 月上旬开花末期；6 月中旬幼果初现；11 月下旬果实成熟、12 月下旬果实脱落。

【迁地栽培要点】

喜阴，忌强光直射。适应性强，以疏松不易板结、腐殖质丰富的土壤最佳。春、秋季节移栽成活率高。定植后少修剪任其自然生长。栽培管理粗放，全年施肥 1-2 次，配合中耕除草。主要采用播种、压条繁殖方法。少见病虫害。

【主要用途】

1. 根、叶可入药。散风热，解毒利咽，主治咳嗽、感冒风热、咽喉肿痛、跌打损伤等症。

2. 叶碧绿，嫩叶粉红美丽，花朵小巧精致，蔓生性强，适合作垂吊型盆栽供室内观赏或作林下地被绿化。

22 狭叶紫金牛（别名：石龙胹、竹叶凉伞）

Ardisia filiformis Walker, J. Wash. Acad. Sci. 27(5): 198, 200. 1937.

【自然分布】

广西。生于海拔 200–1000m 的山间密林阴湿地。

【迁地栽培形态特征】

灌木，高约 60cm。

茎 纤细，披散，无毛，灰褐色。

叶 膜质，狭披针形或披针形，长 9–18cm，宽约 1cm，顶端狭渐尖，略镰形，基部广楔形，全缘或具极浅的疏波状齿，齿尖具极小的腺点，叶面无毛，背部被稀疏细鳞片，中脉隆起，具腺点，侧脉 12–20 对，连成明显的边缘脉；叶柄长约 5mm。幼苗叶面中脉和侧脉白色，成熟叶面中脉和侧脉绿色。

花 由亚伞形花序组成的塔状圆锥花序，长 4–7cm，腋生或单生花序轴上小苞片腋间，无毛；花梗长 8–12mm，极细；花长 3–5mm，花萼仅基部连合，长约 1.3mm，萼片卵形，顶端钝或近圆形，无毛，具腺点；花瓣淡红色，长圆状卵形，顶端略钝，先端密生黄色腺点，无毛；雄蕊约为花瓣长的 1/3，花药长圆形，顶端圆钝，两面无腺点；雌蕊较花瓣短，子房球形，密生腺点，无毛。

植株

果 球形，红色，具腺点，无毛。（野外果）

【引种信息】

桂林植物园 自广西防城港引种苗（引种号 msz-222）。生长中等，长势一般，坐果率低，幼果初现后不久即脱落。

【物　候】

桂林植物园 1 月下旬叶芽开放；3 月上旬展叶；4 月中旬现花序、5 月中旬始花、5 月中旬盛花、5 月下旬开花末期；6 月上旬幼果初现。

【迁地栽培要点】

选择腐殖质含量高、疏松透气的栽培基质，定期追施有机和化学肥料，适当控制尿素等使用量，避免植株徒长。适宜种植于沟边、

1. 花蕾；2-3. 嫩叶；4. 花序；5. 成熟叶；6. 花特写；7. 果

水旁等相对比较阴湿的环境。植株枝条柔软容易倒伏，可以插木签进行固定。未见有病虫害。

【主要用途】

1. 全株可入药。具有镇咳平喘功效，用于治疗咳嗽、哮喘。
2. 植株茎干纤细，叶片碧绿狭长，在园林中适合丛植或片植于角隅、小径或假山旁做点缀。

23 灰色紫金牛

Ardisia fordii Hemsl. in F.B. Forb. & Hemsl., J. Linn. Soc., Bot. 26(173): 64-65. 1889.

【自然分布】

广东、广西。泰国。生于海拔100–800m常绿阔叶林下山坡、山谷、溪边等阴湿地。

【迁地栽培形态特征】

小灌木，高30–45cm。

茎 纤细，直立，密被锈色鳞片，除侧生特殊花枝外无分枝。

叶 坚纸质，椭圆状披针形，长2–3cm，宽1–1.5cm，顶端钝，基部广楔形至圆形，全缘，两面无毛，背面密被锈色鳞片，侧脉不明显，连成边缘脉；叶柄长约2mm，被锈色鳞片。

花 伞形花序，生于侧生特殊花枝顶端，花枝长2–9cm，被锈色鳞片；花梗长5–6mm，被锈色鳞片；花长4–5mm，花萼仅基部连合，萼片长约1mm，三角状卵形，顶端急尖，具腺点；花瓣淡红色，卵形，顶端渐尖，两面无毛，具腺点；雄蕊略短于花瓣，花药卵形，顶端急尖，背面无腺点；雌蕊与花瓣近等长，子房球形，具腺点，无毛。

植株

果 球形，红色，直径6–8mm，具腺点，无毛。

【引种信息】

华南植物园 自广东阳山（登录号20041201）、广西钦州（登录号20050533）、广东海丰（登录号20060203）、广西龙胜（登录号20100881）引种苗。生长快，长势好。

桂林植物园 自广西靖西（引种号msz-073）、广西融水（引种号msz-193）引种苗。生长慢，植株瘦弱。

【物 候】

华南植物园 2月下旬叶芽开放；3月上旬至5月中旬展叶；5月上旬现花序、6月上旬始花、6月中旬盛花、7月上旬开花末期；7月上旬幼果初现、12月上旬果实成熟、翌年1月中旬果实渐落。

桂林植物园 3月下旬叶芽开放；4月中旬展叶、4月下旬盛叶；5月中旬现蕾、6月中旬始花、6月下旬盛花、7月上旬开

1. 花；2. 果；3. 叶面；4. 叶背；5. 植株

花末期；7 月上旬幼果初现、12 月中下旬果熟、翌年 6 月果实脱落。

【迁地栽培要点】

喜阴凉环境，不耐干旱和暴晒，炎热夏季需遮阴通风并注意水分管理。植株生长较快，任其生长株形较差，应适时修剪。采用播种、扦插繁殖。未见病虫危害。

【主要用途】

1. 全株可入药，具有活血消肿功效。
2. 植株矮小，叶片墨绿，果实鲜艳，是优良的观果植物，适合盆栽或庭荫布景点缀栽植。

24 小乔木紫金牛

Ardisia garrettii H.R. Fletcher, Bull. Misc. Inform. Kew 1937(1): 30-31. 1937.

【自然分布】

西藏、云南、贵州。越南、泰国、缅甸。生于海拔400–1400m的混交林下、石灰岩山坡、疏林灌丛中。

【迁地栽培形态特征】

灌木或小乔木，高1–3m。

茎 无毛，具皱纹，侧生小枝粗壮。

叶 坚纸质，椭圆状披针形或倒披针形，长10–18cm，宽3.5–5.5cm，顶端急尖或渐尖，基部楔形，全缘，两面无毛，中、侧脉于叶面下凹，背面隆起；叶柄长约5mm。

植株

花 亚伞形花序，长4–6cm，腋生，无毛；花序总梗粗约1mm，花梗长1–2cm，无毛；花长1–1.2cm，花萼仅基部连合，萼片宽卵形或近圆形，长约4mm，顶端圆形，基部近耳形，微重叠，边缘具缘毛；花瓣厚，蜡质，淡粉色至白色，宽卵形，顶端急尖，无腺点；雄蕊略短于花瓣，花药披针形，顶端渐尖，背面具腺点；雌蕊与花瓣等长，子房球形，无毛，无腺点。

果 扁球形，红色，稀黑色，直径8–10mm，无毛，无腺点。

【引种信息】

版纳植物园 自生苗。生长快，长势好。

华南植物园 自版纳植物园引种苗（登录号20042452）。生长快，长势好。

【物　　候】

版纳植物园 3月下旬叶芽开放；4月上旬开始展叶、4月下旬展叶盛期。4月下旬现花序、5月

1. 叶面；2. 叶背；3. 果；4. 花枝；5. 花特写；6. 植株

中旬始花、6月上旬盛花、7月下旬花末期；7月上旬幼果初现、10月下旬果实成熟、翌年3月下旬果实脱落。

华南植物园 4月上旬叶芽开放；4月中旬至5月下旬展叶；4月下旬现花序、5月中旬始花、5月下旬盛花、6月中旬开花末期。5月下旬幼果初现、10月中旬果实成熟、翌年2月下旬果实脱落。

【迁地栽培要点】

能耐一定光照，但以荫蔽、通风环境下生长最佳。选择林下或林缘处，腐殖质较多，疏松透气的微酸性土壤种植。成年植株无须特殊护理，适时中耕除草、整形修剪，生长期未追施肥料长势也很好。采用播种、扦插繁殖，4-9月均可播种，约2个月生根发芽，发芽率在90%以上。生性强健，未见病虫危害。

【主要用途】

1. 全株可入药。具有清热解毒、宣肺平喘、活血散瘀功效，用于治疗感冒、妇科疾病等症。

2. 果实鲜红，挂果期长，枝叶耐修剪，适宜造型，可盆栽观赏或丛植、片植于庭院、广场、道路旁作景观绿化。

25 走马胎（别名：大发药、走马风、山猪药）

Ardisia gigantifolia Stapf, Bull. Misc. Inform. Kew 1906(3): 74. 1906.

【自然分布】

云南、贵州、广西、海南、广东、江西、福建。越南、泰国、印度尼西亚、马来西亚。生于海拔1000-1500m的疏、密林下，潮湿的山谷，溪边。

【迁地栽培形态特征】

灌木，高0.5-2m。

茎 粗壮，直径1-2.5cm，直立不分枝，幼嫩部分被微柔毛。

叶 膜质，常聚生于茎顶端，椭圆形、长圆状椭圆形或倒卵状披针形，长25-45cm，宽9-16cm，顶端急尖，基部楔形，边缘具密啮蚀状齿，齿具小尖头，叶面无毛，背面脉上被微柔毛，脉明显，隆起，侧脉不连成边缘脉；叶柄长2-3cm，具狭翅。

植株

花 由亚伞形花序组成的大型金字塔状圆锥花序，腋生，长15-30cm，无毛；花梗长1-1.5cm，无毛；花长约5mm，萼片三角状卵形，长约1mm，顶端急尖，具腺点；花瓣白色，卵形，具疏腺点；雄蕊短于花瓣，花药卵形，背面无腺点；雌蕊略长于花瓣，子房球形，无毛。

果 球形，鲜红色，直径6-8mm，具疏腺点，无毛。

【引种信息】

版纳植物园 自桂林引种苗（引种号00，2001，1604）。生长良好，长势中等。

华南植物园 自广西靖西（登录号20040905）、广西十万大山（登录号20100880）、云南西双版纳（登录号20113150）引种苗。生长快，长势中等。

桂林植物园 自广西融水引种苗（引种号msz-072）。生长快，长势好。

武汉植物园 自贵州三都引种苗（引种号104397）。生长中等，长势中等。

【物　候】

版纳植物园 3月中旬叶芽开放；3月下旬至9月下旬展叶；2月下旬现花

1. 叶；2. 叶面；3–4. 花特写；5. 花序；6. 果

序、3 月中旬始花、3 月下旬盛花、5 月中旬开花末期。花后不结果。

华南植物园 3 月上旬叶芽开放；3 月中旬至 5 月中旬展叶；3 月下旬现花序、4 月底始花、5 月上旬盛花、5 月下旬开花末期；7 月中旬落叶、9 月上旬长新叶；10 月中旬落叶、11 月中旬长新叶。花后未见结果。

桂林植物园 2 月下旬叶芽开放；4 月上旬开始展叶、4 月中旬展叶盛期；4 月下旬现花序、5 月下旬始花、6 月上旬盛花、6 月中旬开花末期；6 月中旬幼果初现、11 月下旬果实成熟。

武汉植物园 4月下旬叶芽开放；5月中旬开始展叶、5月下旬至6月上旬展叶盛期。未见花果。

【迁地栽培要点】

喜荫蔽、通风环境，不耐干旱和暴晒，适合种植在有浓荫的林下。不耐渍涝，栽培土质要疏松透气不易板结，日常浇水不可过多，保持土壤微湿即可，雨季防水渍。迁地栽培条件下结果少，主要采用播种、扦插繁殖。华南植物园与桂林植物园的植株茎腐病发生严重，版纳植物园的植株偶有青枯病。

【主要用途】

1. 全株可入药。具有驱风补血、活血止痛、化毒生肌的功效。主治风湿痹痛、痈疽溃疡、产后血瘀、跌打肿痛等症。现代医学研究表明，走马胎提取液具有抗体内血栓和抑制肿瘤细胞增殖的作用。

2. 植株直立，叶片碧绿宽大簇生于茎顶，果实长串鲜红，适合盆栽或园林景观配置。

附注：在自然生境中，走马胎的叶片有两种颜色：一种叶片为绿色，另一种叶片在幼苗期两面为深紫色，成苗期后叶面变为绿色，叶背深紫色。除叶片颜色存在差异外，二者的植株外形、花形、果形相同。

1. 花序；2. 叶面；3. 叶背；4. 幼苗

26 大罗伞树

Ardisia hanceana Mez in Engl., Pflanzenr. IV 236(Heft 9): 149. 1902.

【自然分布】

广东、广西、湖南、江西、安徽、浙江、福建。越南。生于海拔约1300m的疏、密林下的山谷、坡地或溪边阴暗潮湿地。

【迁地栽培形态特征】

灌木，高2–6m。

茎 粗壮，无毛，具皮孔及皱纹，除侧生特殊花枝外无分枝。

叶 厚坚纸质，椭圆状披针形或倒披针形，长7–13cm，宽2.5–4cm，顶端渐尖，基部楔形，边缘中部以下具明显圆齿，齿间具腺点，两面无毛，背面具明显疏腺点；侧脉、网脉不明显；叶柄长约1cm，无毛。

花 由伞房花序组成的圆锥花序，花序长7–8cm，生于侧生特殊花枝顶端，花枝长30–50cm，无毛；花梗长1–2cm，无毛；花长6–9mm，花萼仅基部连合，萼片长圆状卵形，顶端渐尖，长约3mm，具腺点；花瓣淡紫色，宽卵形，顶端渐尖，外面无毛，里面近基部被微柔毛；雄蕊略短于花瓣，花药披针形，顶端急尖，无腺点；雌蕊与花瓣近等长，子房球形，具腺点，无毛。

果 球形，深红色，直径10–12mm，具腺点。

植株

【引种信息】

版纳植物园 自云南河口引种苗（引种号00，2001，3768）。生长良好。

华南植物园 自海南（登录号20030737）、广东英德（登录号20031431）、越南（登录号20103926）引种苗。生长快，长势好。

桂林植物园 自广西南宁（无引种号）、阳朔（引种号msz-098）引种苗。长势好。

【物　　候】

版纳植物园 4月下旬叶芽开放；5月上旬开始展叶、6月上旬展叶盛期；3月下旬出现花序、4月下旬盛花、6月上旬开花末期；4月下旬幼果初现、12月中旬果

1. 花特写；2. 叶面；3. 果特写；4. 花枝；5. 叶背；6. 果枝

实成熟、3 月中旬果实脱落。

华南植物园 3 月中旬叶芽开放；3 月下旬开始展叶、4 月上旬展叶盛期；4 月中旬现花序、5 月中旬始花、5 月下旬盛花、6 月上旬开花末期；6 月上旬幼果初现、翌年 2 月中旬果实成熟、4 月上旬果实脱落。

桂林植物园 2 月下旬叶芽开放；3 月中旬开始展叶、3 月下旬 4 月初展叶盛期；5 月上旬现花序、6 月上旬始花、6 月中旬盛花、7 月上旬开花末期；7 月上旬幼果出现期、12 月下旬果实成熟、翌年 4 月果实开始脱落。

【迁地栽培要点】

能耐一定光照，但以荫蔽通风环境下生长最佳。宜选择林下或林缘处，腐殖质较多，疏松透气的微酸性土壤种植。植株容易徒长，可将主茎顶梢剪掉促使侧枝萌发。适时中耕除草、整形修剪，生长期未追施肥料长势也很好。采用播种和扦插繁殖。生性强健，未见病虫危害。

【主要用途】

1. 根、叶可入药。具有清热解毒、活血止痛的功效，用于治疗闭经、风湿痹痛、跌打损伤。叶捣烂外敷治疮毒。

2. 花期长，花果色彩鲜艳亮丽，是优良的观花观果植物，可丛植于庭院、公园、学校等园林景区内观赏。

27 锈毛紫金牛（新拟）

Ardisia helferiana Kurz, J. Asiat. Soc. Bengal, Pt. 2, Nat. Hist. 42(2): 86. 1873.

【自然分布】

越南、柬埔寨、泰国、缅甸。生于海拔 150–250m 混交林下。

【迁地栽培形态特征】

灌木，高 3.5–4m。

茎 幼枝略具棱，密被长柔毛，老枝光滑，无毛。

叶 坚纸质，倒卵形至长圆状倒披针形，长 12–25cm，宽 6–9cm，顶端渐尖，基部下延，全缘，两面被毛，背面中脉密被长柔毛，叶面中脉下陷，背面中脉及侧脉隆起，侧脉斜上，连成不规则的边缘脉，边缘具疏腺点；叶柄长 2.5–3cm，密被长柔毛。

花 总状花序，长 4.5–10.5cm，腋生，花枝长 50–70cm，花梗长 2.5–3cm，均密被长柔毛；花长 10mm，花萼仅基部连合，萼片卵形，长 5–6mm，有黄色腺点，外面密被长柔毛，里面无毛；花瓣浅绿色至白色，卵形，顶端渐尖，具黄色腺点，里面无毛，外面有毛；雄蕊比花瓣略短，花药披针形，背部具 2 排黑色腺点；雌蕊与花瓣近等长，子房卵珠形，具紫红色腺点，被毛。

果 球形，幼果具腺点，果熟黑色，直径 6–9mm，被微柔毛。

【引种信息】

版纳植物园 自老挝引种苗（引种号 30，2002，0052）。生长良好。

【物　　候】

版纳植物园 2 月上旬萌芽；2 月中旬展叶、3 月上旬展叶盛期；5 月上旬现花序、5 月中旬始花、5 月下旬盛花、6 月中旬开

植株

1. 叶面；2. 叶背；3. 花枝；4. 果；5. 花蕾；6. 花特写

花末期；6 月上旬幼果初现、9 月中旬果实成熟、12 月中旬果实脱落。二次花：10 月下旬现花序、11 月下旬始花、12 月上旬盛花、翌年 1 月下旬开花末期。二次果：2 月下旬幼果初现、4 月上旬果实成熟、5 月下旬果实脱落。

【迁地栽培要点】

耐阴植物，忌强光直射。对土壤要求不严，适应性强。采用种子播种，果实变成黑色后即可采集种子，将果实置于清水中洗去果皮，捞出净种，晾干后即可播种或低温湿沙贮藏至翌年春天播种，发芽率在 85% 以上。生长期间追施复合肥或农家肥，浓度宜低不宜高，并进行除草修剪等常规管理。未见病虫害。

【主要用途】

四季常绿，株形适中，适宜作园林绿化观果树种。

28 矮紫金牛（别名：大叶紫钱、大叶春不老）

Ardisia humilis Vahl, Symb. Bot. 3: 40. 1794.

【自然分布】

广东、海南。越南、菲律宾。生于海拔40–1100m的混交林下、山间、坡地。

【迁地栽培形态特征】

灌木，高1–2m。

茎 粗壮，直立，无毛，具明显叶痕，除侧生特殊花枝外不分枝。

叶 革质，椭圆状倒卵形或倒卵形，长12–32cm，宽4–12cm，顶端广急尖，基部楔形，全缘，两面无毛，背面密布小窝点，中、侧脉于叶面下凹，背面隆起，侧脉10–13对，不连成边缘脉；叶柄长0.8–1cm，具狭翅。

花 由亚伞形花序组成金字塔状圆锥花序，花序长13–21cm或更长，生于侧生特殊花枝顶端，无毛；花梗长1–1.5cm；花长约8mm，花萼仅基部连合，萼片长3–4mm，宽卵形，顶端急尖，基部耳形，互相重叠，具腺点，无缘毛；花瓣粉红色或粉紫色，宽卵形，顶端急尖，无毛，无腺点；雄蕊略短于花瓣，花药长圆状披针形，顶端渐尖，背面具腺点；雌蕊与花瓣等长，子房球形，具腺点，无毛。

果 球形，深红色，直径6–8mm，幼果具腺点，成熟后腺点不明显。

【引种信息】

版纳植物园 自海南引种枝条（引种号00，2002，3174）。生长快，长势好。

华南植物园 自海南引种苗（登录号2011016）。生长快，长势好。

植株

植株

1. 叶面；2. 叶背；3. 植株；4. 花序；5. 花特写；6. 果

桂林植物园 自广州引种苗，引种信息遗失。生长快，长势好。

【物　　候】

版纳植物园 1月上旬叶芽开放；1月中旬至1月下旬展叶；2月下旬现花序、3月下旬始花、4月上旬盛花、4月下旬末花；4月上旬幼果出现、6月下旬果熟、8月中旬果实脱落。

华南植物园 12月中旬叶芽开放；12月下旬至3月下旬展叶；2月下旬现花序、4月上旬始花、4月中旬盛花、5月上旬开花末期；4月下旬幼果初现、7月中旬果熟、8月中旬果实脱落。

桂林植物园 2月下旬叶芽开放；4月中旬展叶；4月上旬现花序、5月中旬始花、5月下旬盛花、6月上旬开花末期；5月下旬幼果初现、8月中下旬果熟、10月中下旬果实脱落。

【迁地栽培要点】

喜阴，能耐一定光照。主根发达，吸水能力强，能耐一定干旱。栽培养护可粗放管理，移栽成活率高。每年果实采摘后及时修剪残留的果梗，植株徒长可将主茎顶梢剪掉，促使侧枝萌发。夏季干旱时期注意水分管理。采用播种、扦插繁殖。自播能力强，播种发芽率达95%以上，扦插生根率约50%。生性强健。少见病虫危害。

【主要用途】

1. 树皮含单宁，可供药用，煎水服治头痛、大便出血等症。

2. 树形优美，叶大碧绿，花果繁密，色彩鲜艳，是优良的观花、观果、观叶植物，可在道路两旁、公园、庭院成片种植。

29 柳叶紫金牛

Ardisia hypargyrea C.Y. Wu & C. Chen in C. Chen, Fl. Yunnan. 1: 340. 1977.

【自然分布】

云南、广西。越南。生于海拔 700–1600m 的常绿阔叶林下、山谷、山坡、溪边等阴湿地。

【迁地栽培形态特征】

灌木，高 15cm。

茎 直立，具小皮孔，幼枝被鳞片。

叶 坚纸质，狭披针形，长 6–10cm，宽约 1.5cm，顶端长渐尖，基部楔形，全缘，边缘具稀疏不明显的小腺点，两面无毛，背面有稀疏的锈色鳞片，背面中脉隆起，侧脉多数，不明显，无边缘脉；叶柄长 0.5–1cm。

花 亚伞形花序，着生于侧生特殊花枝顶端的叶腋，花枝长 10-16cm，总花梗长约 1cm，疏生腺毛；花梗长 4-5mm，疏生腺毛；花长约 3.5mm，花萼仅基部合生，萼片三角形，长不到 1mm，具缘毛；花瓣紫红色，卵形，具疏腺点；雄蕊与花瓣等长，花药卵形，背部无腺点；雌蕊与花瓣几等长，子房球形，无毛。

果 栽培植株尚未结果。

【引种信息】

峨眉山生物站 5 月上旬至 6 月上旬展叶；5 月中旬现蕾、6 月中旬始花、6 月下旬至 7 月

植株

1. 植株；2. 叶面；3. 植株；4. 花蕾；5. 花序

上中旬盛花、7 月中旬末花。花后未见果。

【物　　候】

峨眉山生物站 5 月上旬叶芽开放；5 月中旬开始展叶、6 月上旬盛叶。

【迁地栽培要点】

喜半阴、湿润环境。选大小适宜的盆用菜园土进行栽植，保持盆土湿润，置于半阴通风处。植株露地栽培，宜选半阴林下肥沃、湿润的土壤栽培。全年施肥 1-2 次，并进行中耕除草等常规管理。未发现病虫害。

【主要用途】

植株小巧，叶片翠绿狭长，适合盆栽观赏。

30 紫金牛（别名：矮地茶、不出林）

Ardisia japonica (Thunb.) Bl., Bijdr. Fl. Ned. Ind. 13: 690-691. 1826.

【自然分布】

陕西、四川、云南、贵州、广西、广东、湖南、湖北、江西、安徽、江苏、浙江、福建、台湾。日本、韩国、朝鲜。生于海拔1200m以下的混交林下、山坡、溪边、沟边等阴暗潮湿地。

【迁地栽培形态特征】

亚灌木，高20-35cm。

茎 具匍匐根状茎，幼枝暗红色，被细微柔毛，以后无毛。

叶 对生或近轮生，坚纸质，椭圆形或椭圆状倒卵形，长4-10cm，宽2.5-4cm，顶端急尖，基部楔形或广楔形，边缘具锯齿，两面无毛，侧脉不连成边缘脉，细脉网状；叶柄长5-8mm，被微柔毛。

花 亚伞形花序，长1.5-3cm，腋生，被微柔毛；花梗长0.8-1.5cm，被微柔毛；花长5-7mm，花萼仅基部连合，萼片卵形，顶端急尖，长约2mm，具腺点；花瓣淡粉色至白色，宽卵形，顶端急尖，具腺点；雄蕊略短于花瓣，花药卵形，背面具腺点；雌蕊与花瓣几等长，子房球形，无毛。

果 球形，鲜红色，直径6-7mm，具腺点，无毛。

【引种信息】

华南植物园 自广东南昆山（登录号20030846）、广东南岭（登录号20041281）、江西井冈山（登录号20041445）、江西宜春（登录号20053033）、湖南桑植（登录号20070421）引种苗。生长快，长势好。

植株

1. 花蕾；2. 花特写；3. 叶面；4. 果

桂林植物园 自广西兴安（引种号 msz-137）、恭城（引种号 msz-387）引种苗。生长快，长势好。

峨眉山生物站 自四川峨眉山引种苗（引种号 84-0577-01-EMS）。生长快，长势好。

武汉植物园 自广西桂林引种苗（引种号 070719）。生长快，长势好。

【物　　候】

华南植物园 2 月下旬叶芽开放；3 月上旬至 4 月中旬展叶；4 月下旬现花序、5 月中旬始花、5 月下旬盛花、6 月上旬开花末期；6 月上旬幼果初现、12 月上旬果实成熟、翌年 1 月中旬果实脱落。

桂林植物园 2 月上旬叶芽开放；2 月下旬开始展叶、3 月中旬展叶盛期；5 月上旬现花序、6 月中旬始花、7 月上旬盛花、7 月中下旬开花末期；7 月上旬幼果初现、11 月中旬果实成熟，翌年 5 月中旬果实脱落。

峨眉山生物站 3 月上旬叶芽开放；3 月中旬至 4 月下旬展叶；5 月下旬现花序，6 月中、下旬始花，7 月中、下旬盛花，8 月上旬开花末期；7 月下旬幼果初现、11 月下旬果实成熟、翌年 2 月下旬果实脱落。

武汉植物园 4 月上旬叶芽开放；4 月中旬至 5 月上旬为展叶；5 月下旬现花序、6 月上旬始花、6 月中旬盛花、6 月下旬开花末期。6 月下旬幼果初现、12 月下旬果实成熟。

【迁地栽培要点】

喜阴凉环境。适应性强，易栽培。对土壤要求不严，但以排水良好的腐殖土或砂壤土为好。采用播种、扦插、组培繁殖。全年施肥 1-2 次，适时除草，适当修剪枯枝老叶。未见病虫危害。

【主要用途】

1. 全株可入药，有化痰镇咳、平喘活血、利尿解毒、抗病毒、抗肿瘤等功效，用于治疗新久咳嗽、慢性支气管炎、溃疡病出血、湿热黄疸、水肿、闭经等症。全株含龙脑香等 39 种芳香油成分。

2. 植株矮小，匍匐性强，叶片翠绿繁密，果实鲜艳经久不凋，适合室内盆栽观赏，或片植于庭院、公园林荫下作地被。

31 岭南紫金牛

Ardisia linangensis C.M. Hu, Bot. J. South China. 1: 5.1992.

【自然分布】

广东、广西、江西、浙江。生于海拔 400–1500m 的山谷、坡地、溪边阴暗潮湿地。

【迁地栽培形态特征】

灌木，高 25–55cm；

茎 直立，无毛，除侧生特殊花枝外，无分枝。

叶 坚纸质，椭圆状披针形，长 6–12.5cm，宽 2–4cm，顶端急尖或渐尖，基部楔形，全缘或具圆齿，齿间具腺点，略微波状，两面无毛，无腺点，叶面中脉微凸或平，下面隆起，侧脉明显，连成边缘脉；叶柄淡紫红色，长达 8mm。

花 复伞形花序或聚伞花序，着生于侧生花枝顶端，花枝长 15–28cm，顶端常下弯，无毛；花梗长 1–2cm，无毛；花长 5–7mm，花萼仅基部连合，萼片卵形，顶端急尖或钝，长约 2mm，具黑色腺点；花瓣白色，宽卵形，两面疏生黑色腺点；雄蕊短于花瓣，花药披针形或卵形，顶端急尖，具腺点；雌蕊与花瓣等长。

果 栽培植株尚未结果。

【引种信息】

桂林植物园 自广西金秀（引种号 msz-050）、恭城（引种号 msz-147）引种苗。生长中等，长势良好。

峨眉山生物站 自湖北恩施冬升植物开发有限责任公司引种苗（引种号 13-1267-HB）。生长中等，长势良好。

【物　　候】

桂林植物园 2 月中下旬至 3 月初叶芽开放；3 月中旬开始展叶；4 月中下旬现蕾、5 月下旬始花，花后不久便枯萎凋谢。

峨眉山生物站 4 月下旬叶芽开放；

植株

1. 叶面；2. 叶背；3. 茎；4. 花正面；5. 花背面

5 月上旬开始展叶、5 月下旬盛叶；4 月中旬现花蕾，5 月下旬始花，6 月中、下旬盛花，7 月逐渐末花。花后未结果。

【迁地栽培要点】

本种适应性好，野外采集的种子发芽率高，应以种子繁殖为主。注意防虫，加强肥水管理可以促进苗木的生长。

【主要用途】

植株树形优美，适合盆栽观赏、庭院绿化。

32 山血丹（别名：沿海紫金牛）

Ardisia lindleyana D. Dietr., Syn. Pl. 1: 617. 1839.

【自然分布】

广东、广西、湖南、江西、浙江、福建。越南。生于海拔 300–1200m 的常绿阔叶林下、山谷、山坡、溪边等阴暗潮湿地。

【迁地栽培形态特征】

灌木，高 1–1.5m。

茎 无毛，具皮孔，除侧生特殊花枝外无分枝。

叶 革质，椭圆形或椭圆状披针形，长 8–20cm，宽 2–5cm，顶端钝，基部广楔形，边缘具微波状齿，齿间具腺点，两面无毛，中、侧脉于叶面下凹，背面隆起，背面具腺点，尤以边缘居多，侧脉连成远离边缘的边缘脉；叶柄长 0.6–1.2cm，被微柔毛。

花 伞形花序，着生于侧生特殊花枝顶端，花枝长 7–18cm，被细微柔毛；花梗长 0.6–1.2cm，被毛，密被腺点；花长 6–7mm，花萼仅基部连合，萼片长约 3mm，长圆状卵形，顶端急尖，密被腺点；花瓣白色，宽卵形，顶端急尖，密被黑色腺点；雄蕊略短于花瓣，花药披针形，背面密被黑色腺点；雌蕊与花瓣近等长，子房球形，密被腺点。

果 球形，深红色，直径 6–8mm，具腺点。

【引种信息】

华南植物园 自广东韶关（登录号 19960382）、广东博罗（登录号 20010200）、广东英德（登录号 20031350）、广东从化大岭山（登录号 20053253）、福建永春（登录号 200113752）、福建建宁（登录号 2012064）引种苗。生长中等，长势好。

桂林植物园 自广东肇庆引种种子（无引种号）。

【物　　候】

华南植物园 3 月上旬叶芽开放；3 月中旬至 5 月中旬展叶；5 月上旬现花序、6 月上旬始花、6 月中旬盛花、7 月上旬开花末期、11 月中旬第二次开花；7 月上旬幼果初现、11 月下旬果实成熟、翌年 1 月下旬果实脱落。

植株

1. 叶面；2. 叶背；3. 嫩叶；4. 花特写；5. 花序

桂林植物园 3月中旬叶芽开放；5月上旬展叶；5月中下旬现蕾、6月中旬始花、6月下旬盛花。

【迁地栽培要点】

喜荫蔽通风的环境，不耐强光直射，宜种植在具有浓荫的林下。生性强健，对土壤要求不严，但以疏松透气、富含有机肥的土壤为好。夏、秋季节注意水分管理。全年施肥1-2次，配合除草修剪。采用播种、扦插繁殖。少见病虫危害。

【主要用途】

1. 根可入药，具有活血调经、祛风止痛、清热解毒、消炎等功效；内服可用于产后贫血、月经不调、跌打损伤、风湿骨痛、咽喉炎、黄疸性肝炎、风火牙痛等症；外洗可治无名肿毒。

2. 果实鲜红靓丽，挂果期长，是优良的观果植物，可盆栽、庭院点缀或园林配景。

果

果

33 心叶紫金牛（别名：红铺地毯、走马风）

Ardisia maclurei Merr., Philipp. J. Sci. 21(4): 351. 1922.

【自然分布】

贵州、广西、海南、广东、台湾。生于海拔 200–900m 的常绿阔叶林下、竹林下、山谷、溪边、岩石裂缝等阴暗潮湿地。

【迁地栽培形态特征】

草质亚灌木。

茎 具匍匐根状茎，被锈色长柔毛，嫩茎被红色长柔毛。

叶 坚纸质，椭圆形或椭圆状倒卵形，长 3–6cm，宽 1.5–3cm，顶端急尖，基部心形，边缘具疏锯齿，两面被长柔毛，中脉被红色长柔毛，侧脉不连成边缘脉；叶柄长 0.5–1cm，被锈色长柔毛。

花 亚伞形花序，顶生，长 3–4cm，被锈色长柔毛；花梗长 5–8mm，被锈色长柔毛；花长约 4mm，花萼仅基部连合，萼片披针形，长 3–4mm，顶端渐尖，被锈色长柔毛；花瓣白色，卵形，顶端渐尖，无毛，具腺点；雄蕊略短于花瓣，花药卵形，顶端急尖，背部无腺点；雌蕊与花瓣几等长，子房球形，无毛。

果 球形，暗红色，直径 8–10mm，无毛。

【引种信息】

华南植物园 自广东清远连山（登录号 20010818）、广东南昆山（登录号 20030906）、海南

植株

1. 花序；2. 叶面；3. 叶背；4. 花特写；5. 幼果；6. 果

保亭（登录号 20052034）引种苗。生长慢，长势中等，坐果率低。

桂林植物园 自广西金秀（引种号 msz-126）、广西靖西（引种号 msz-187）引种苗。生长慢，长势一般。

【物　候】

华南植物园 3 月中旬叶芽开放；3 月下旬开始展叶、4 月上旬展叶盛期；4 月上旬现花序、4 月下旬始花、5 月上旬盛花、5 月中旬开花末期；5 月中旬幼果初现、11 月下旬果实成熟，翌年 2 月上旬果实脱落。

桂林植物园 3 月中旬叶芽开放；4 月上旬开始展叶；4 月中旬现花序、5 月中旬始花、5 月下旬盛花、6 月上旬开花末期；6 月上旬幼果初现、11 月下旬果实成熟。

【迁地栽培要点】

喜阴，不耐酷热、干旱，夏季需遮阴。对土壤要求较严格，应采用不易板结、疏松透气、排水良好的腐殖土或砂质壤土。植株贴地匍匐而生，在植株下方铺一层苔藓类的物质可以避免泥水溅到叶片引起叶片腐烂发生病害。不耐水涝，日常浇水不可过多，要不干不浇，干了浇透。植株生长缓慢，少修剪任其生长。采用播种、压条繁殖。偶有叶斑病发生。

【主要用途】

1. 全株可入药，具有凉血止血、清热解毒的功效，用于治疗便血、咯血、月经不调、产后恶露不尽、风湿痹痛、跌打损伤、支气管炎等。

2. 植株蔓生性强，叶形奇特，是优良的观叶植物，可室内盆栽观赏。

34 虎舌红（别名：红毛毡、老虎脷）

Ardisia mamillata Hance, J. Bot. 22(10): 290. 1884.

【自然分布】

云南、四川、贵州、广西、湖南、海南、广东、香港、福建。越南。生于海拔 500–1600m 的密林下、山谷、沟边等阴暗潮湿地。

【迁地栽培形态特征】

矮小灌木，高 10–30cm。

茎 具匍匐根茎，幼枝密被长柔毛。

叶 常簇生于茎顶端，绿色或紫红色，坚纸质，长圆状倒披针形或倒卵形，长 4–14cm，宽 2.5–5cm，边缘具不明显疏圆齿，两面被基部具瘤状突起的绿色或紫红色糙伏毛，具腺点，侧脉不连成边缘脉；叶柄长 0.5–1cm，被毛。

花 伞形花序，着生于侧生特殊花枝顶端，花枝长 4–9cm，密被长柔毛；花梗长 1–1.5cm，被长柔毛；花长约 8mm，花萼仅基部连合，萼片长 4–5mm，狭披针形，顶端渐尖，具腺点，外面被长柔毛，里面无毛；花瓣粉红色或白色，花时反折，卵形，顶端渐尖，两面无毛，具腺点；雄蕊略短于花瓣，花药披针形，顶端急尖，背面具腺点；雌蕊与花瓣等长，子房球形，具腺点，被毛。

果 球形，鲜红色，直径 6–11mm，具腺点，被毛。

【引种信息】

华南植物园 广东清远（登录号 19970039）、海南（登录号 20011138）、广东封开（登录号 19750749、20011979、20020828）、广东南昆山（登录号 19990592、20020069、20052969）、贵州梵净山（登录号 20113993）、福建安溪（登录号 20113733）、广西龙胜（登录号 20120566）、

1. 植株；2. 叶面；3. 叶背

1. 花枝；2. 花序；3. 花特写；4. 花特写

湖北恩施（登录号 20140242）引种苗。生长快，长势好。

桂林植物园 自广西阳朔（引种号 msz-097）、广西融水（引种苗 msz-124）、广西金秀（引种号 msz-144）引种苗。春、秋、冬季长势较好，夏天生长不良。

峨眉山生物站 自四川峨眉山引种苗（引种号 84-0578-01-EMS）。生长快，长势好。

【物　　候】

华南植物园 3 月上旬叶芽开放；3 月中旬至 5 月上旬展叶；5 月上旬现花序、5 月底始花、6 月上旬盛花、6 月中旬开花末期；6 月中旬幼果初现、11 月下旬果实成熟、翌年 1 月中旬果实脱落。

桂林植物园 2 月下旬叶芽开放；3 月中旬开始展叶；5 月中旬现花序、6 月上旬始花、6 月中旬盛花、6 月下旬至 7 月上旬开花末期；7 月上旬幼果初现、10 月下旬果实成熟。

峨眉山生物站 4 月上旬叶芽萌动；4 月中旬逐渐展叶；5 月下旬现花序，7 月上、中旬始花，8 月上、中旬盛花；8 月下旬幼果初现、11 月上旬果实成熟变为红色，新果成熟后上年的红果才陆续落地。

【迁地栽培要点】

喜阴，忌强光直射。春季防水渍，夏季需遮阴，保证水分充足。除了剪除枯枝或病枝外尽量少修剪，能自然生长成矮小紧凑株形。采用播种、扦插、组培繁殖。华南植物园栽培植株偶有根腐病发生，其他植物园未见病虫危害。

【主要用途】

1. 全株可入药，具有清热利湿、活血止血、去腐生肌等功效。用于风湿跌打、外伤出血、小儿疳积、月经不调、胆囊炎等症；叶外用可拔针刺、去疮毒。

2. 植株矮小紧凑，叶片上密被的紫红色柔毛在光照射下能反射出紫色光芒，是优良的观叶植物，可室内盆栽观赏、林下地被、园林景观点缀。

1. 植株；2. 果；3. 幼果；4. 植株

35 白花紫金牛

Ardisia merrillii Walker, J. Arnold Arbor. 23 (3): 351. 1942

【自然分布】

广西、海南。越南。生于海拔 600–1200m 的混交林林下、山谷或山坡灌木丛中。

【迁地栽培形态特征】

灌木，高 1–3m。

茎 直立，粗壮，无毛，除侧生特殊花枝外，无分枝。

叶 坚纸质，椭圆披针形，长 7–14cm，宽 2.5–4.5cm，顶端渐尖，基部楔形，边缘具波状圆齿，齿间具腺点，两面无毛，侧脉不连成边缘脉；叶柄长约 0.5cm。

花 聚伞花序，被锈色微柔毛，着生于侧生特殊花枝顶端，花枝长 12–30cm；花梗长 0.5–1.2cm，被锈色微柔毛；花长约 0.7cm，花萼仅基部连合，萼片长约 2mm，长圆形，顶端顿，无腺点，无毛；花瓣白色，卵形，顶端急尖，外面无毛，里面近基部被白色微柔毛；雄蕊略短于花瓣，花药披针形，背部无腺点；雌蕊与花瓣近等长，子房球形，具腺点，无毛。

果 球形，红色，直径 0.7–1cm，幼果具腺点，成熟后腺点不明显。

【引种信息】

版纳植物园 自越南引种种子（引种号 13，2001，0146）。生长快，长势好。

华南植物园 自深圳仙湖植物园（登录号 20041647）、广西药用植物园（登录号 20050683）引种苗。生长快，长势好。

桂林植物园 自广西南宁（无引种号）引种苗，版纳植物园（引种号 T-40）引种种子。生

植株

植株

1. 叶面；2. 叶背；3. 果；4. 花序；5. 花特写；6. 花枝

长快，长势好。

【物　　候】

版纳植物园　5 月中旬叶芽开放；5 月下旬展叶、6 月中旬展叶盛期；4 月下旬现花序、6 月下旬幼果初现、翌年 1-12 月树上都有成熟果实。

华南植物园　3 月上旬叶芽开放；3 月中旬至 5 月中旬展叶；4 月下旬现花序、5 月中旬始花、5 月下旬盛花、6 月中旬开花末期；6 月中旬幼果初现、11 月中旬果实成熟、翌年 3 月上旬果实脱落。

桂林植物园　3 月中旬叶芽开放；4 月下旬展叶；5 月上旬现花序、6 月上旬始花、6 月中下旬盛花、7 月上旬开花末期；7 月上旬幼果出现、11 月下旬果熟。

【迁地栽培要点】

喜阴，具有一定抗寒性，不耐干旱和暴晒，炎热夏季需用遮阳网遮阴。主要采用播种繁殖，发芽率达 95% 以上。夏、秋季节注意水分管理，适时中耕除草，及时摘心促进分枝。华南植物园室外定植植株有金龟子啃噬叶片，版纳植物园室外定植植株有鳞翅目蝶类虫害。

【主要用途】

1. 全株可入药，具有清利咽喉、活血止痛的功效，用于治疗喉咙肿痛、胃溃疡、急性肠炎、跌打损伤等症。

2. 树形优美，果实鲜红夺目，适宜片植或丛植于庭院、公园、立交桥下等荫蔽度高的地方作为观果树种。

36 星毛紫金牛

Ardisia nigropilosa Pit. in Lecomte, Fl. Indo-Chine 3: 810. 1930.

【自然分布】

云南。越南北部。生于海拔400-500m的山间林下或水边阴处。

【迁地栽培形态特征】

灌木，高3-4m；

茎 老枝密被锈色绒毛，小枝密被锈色具柄的星状毛或绒毛。除侧生特殊花枝外无分枝。

叶 坚纸质，倒披针形，长9-23cm，宽3-7cm，顶端渐尖，基部圆形或近耳形，边缘全缘，呈波状，叶面除中脉外，几无毛，背面密被锈色绒毛和具柄的星状毛，尤以中脉及侧脉为多，中、侧脉于叶面下凹，背面隆起，侧脉15-20对，不连成边缘脉；叶柄密被具柄的星状毛，长5-7mm。

植株

花 花序、花梗、萼片外面均密被锈色具柄的星状毛；复伞形花序，着生于侧生特殊花枝顶端，花枝长40-90cm，花梗长3-4cm；花长约5mm，花萼仅基部连合，萼片三角状披针形，长约2mm，顶端急尖，有短柔毛，具腺点；花瓣粉红色，广卵形，顶端急尖，长约4mm，具疏腺点，有时外面被柔毛，里面无毛；雄蕊略短于花瓣，花药卵形，顶端点尖，背部具腺点；雌蕊与花瓣等长，子房球形，无毛，具腺点。

果 球形，暗红色，直径约5mm，具腺点，无毛。

【引种信息】

版纳植物园 自云南元江引种苗（引种号00，2003，0539）。生长快，长势好。

华南植物园 引种信息不详。生长中等，长势良好。

1. 花序；2. 花特写；3. 果；4. 嫩叶；5. 叶面；6. 叶背

【物　　候】

版纳植物园　2 月下旬叶芽开放；3 月中旬至 5 月中旬展叶；2 月下旬现花序、3 月中旬始花、3 月下旬盛花、5 月下旬开花末期；3 月中旬出现幼果、8 月上旬果实成熟、8 月下旬开始脱落、10 月上旬落完。

华南植物园　3 月中旬叶芽开放；3 月下旬至 5 月上旬展叶。3 月下旬现花序、4 月下旬始花、4 月下旬盛花、6 月下旬开花末期；6 月上旬幼果初现、10 月中旬果实成熟、12 月中旬果实脱落。

【迁地栽培要点】

喜阴，不耐强光直射。适应性强，宜栽植于通风、排水良好、腐殖质丰富的山坡林下。主要采用播种繁殖，直播或采收成熟果实放于清水中搓去果皮，湿沙贮藏至翌年春天播种，发芽率在 85% 以上。及时摘心防徒长促分枝。全年进行中耕除草等常规管理，生长期未追施肥料，长势良好。未发现病虫害。

【主要用途】

植株耐阴性强，叶片宽大，脉路清晰，密被深红色绒毛，可盆栽作为室内观叶植物，或孤植、片植、丛植美化于荫蔽的林下、庭院角偶、假山旁。

37 铜盆花（别名：钝叶紫金牛）

Ardisia obtusa Mez in Engl., Pflanzenr. IV. 236(Heft 9): 104. 1902.

【自然分布】

海南、广东。越南。生于海拔0–100m的常绿阔叶林下、山谷、山坡灌丛中、河沟边或丘陵地区。

【迁地栽培形态特征】

灌木，高1–4m。

茎 无毛，具条纹，小枝常具棱。

叶 坚纸质，倒披针形或倒卵形，长9–14cm，宽3–5cm，顶端钝或圆形，基部楔形，边缘全缘，呈波状，两面无毛，侧脉明显，细脉不明显；叶柄长约10mm，无毛。

花 由亚伞形花序组成的球状圆锥花序，花序长10–14cm，生于侧生小枝顶端，无毛；花梗长1–1.5cm，无毛；花长4–6mm，萼片三角状卵形，顶端钝，圆形或广急尖，长约1mm，具腺点，无毛；花瓣淡紫色或粉红色，宽卵形，顶端急尖，无腺点；雄蕊略短于花瓣，花药披针形，顶端细尖，背面具腺点；雌蕊略长于花瓣，子房球形，无毛，具腺点。

果 球形，暗红色至黑色，直径约10mm，无腺点，无毛。

植株

【引种信息】

华南植物园 自福州国家森林公园引种苗（登录号20040569）。生长快，长势好。

【物候】

华南植物园 12月中旬叶芽开放；12月下旬至3月下旬展叶；2月下旬现花序、4月上旬始花、4月中旬盛花、5月上旬开花末期；4月下旬幼果初现、7月中旬果熟、8月中旬果实脱落。

【迁地栽培要点】

喜高温高湿环境，耐阴，有一定耐寒和耐旱性，能耐一定光照，但花期时强光直射容易使花色变淡。对土壤要求不严。采用播种和扦插繁殖，以播种繁殖为主，自播能力强，播种后约2个月发芽。果实采收后及时修剪残留的果梗，植株徒长可将主茎顶梢剪掉，促使侧枝萌发。生性强健，病虫害少见。

【主要用途】

本种是优质的观花植物，花期长达2个月之久。其枝叶柔媚可爱，花序大如碗盆，盛花期花朵密密麻麻、层层叠叠、热闹非凡。适宜在林下或林缘种植，或在日照短的建筑物旁、假山前后、亭际附近做点缀。

1-2. 花序；3. 花特写；4. 叶面；5. 叶背；6. 幼果；7. 果

38 光萼紫金牛

Ardisia omissa C.M. Hu, J. Trop. Subtrop. Bot. 3(4): 13. 1995.

【自然分布】

广东、广西。生于海拔 200–700m 林下、竹林下、溪边或岩石缝间等阴湿地。

【迁地栽培形态特征】

近草本，呈莲座状；茎高 1.5–5cm。

茎 无分枝，直径可达 6mm，无毛，有密集叶痕。

叶 螺旋状着生，密聚于茎端，呈莲座状，坚纸质，长圆状椭圆形，稀为倒卵状椭圆形，长 6–16.5cm，宽 2.5–6cm，顶端钝、近圆形或急尖，基部阔楔形或钝，边缘具稀疏浅圆齿，齿间有边缘腺点，两面均疏被长约 0.6mm 的伏贴柔毛，近边缘更明显，侧脉纤细，在叶背与中脉呈 60° 角弧状弯曲上升，近边缘网结，有支脉直达边缘腺点；叶柄长约 7mm，被柔毛。

花 复亚伞形花序，腋生，总梗长 3–6.5cm，花葶状，被锈色柔毛，具 2–3 分枝；苞片长圆形，长 5–8mm，先端钝或稍锐尖，近基部被短柔毛；分枝长 3–6.5mm，被微柔毛，顶生 2–5 朵花；小苞片卵状长圆形或狭长圆形，长 2–4mm，具深褐色腺点；花梗长 3–5mm，被微柔毛；花长约 5mm，萼片仅基部连合，萼片长约 4mm，长圆状披针形，先端钝，无毛，具黑色腺点；花瓣淡红色至白色，卵形，先端锐尖或钝，具稀疏黑色腺点；雄蕊略短于花瓣，花药披针形，具突尖头，背部具稀疏腺点；雌蕊与花瓣近等长，子房卵珠形，具腺点，无毛。

果 球形，鲜红色，直径 8–10mm，具腺点，无毛。

【引种信息】

华南植物园 自桂林植物园引种苗（登录号 20140591）。生长中等，长势一般，坐果率低。

桂林植物园 自广西靖西（引种号 msz-142）、广西金秀（引种号 msz-188）引种苗。生长缓慢，长势好。

植株

花

1. 花序；2-3. 花特写；4. 叶面；5. 叶背；6. 茎；7. 幼果

【物　　候】

华南植物园　6 月上旬始花，6 月中、下旬盛花期，7 月上旬开花末期；7 月上旬幼果初现、11 月上旬果实成熟、翌年 2 月中旬果实脱落。

桂林植物园　2 月下旬 3 月上旬叶芽开放；3 月中旬展叶；6 月中旬始花、6 月下旬盛花期、7 月上旬开花末期；11 月中旬果子成熟。

【迁地栽培要点】

喜阴，不耐高温和强光。根系较浅，对土壤要求严格，选择质地疏松不易板结的基质，如泥炭土、腐烂叶沤制而成的腐殖土有利于其生长发育。植株矮小，几乎贴地而生，在植株下方铺一层苔藓类的物质可以避免泥水溅到叶片引起叶片腐烂发生病害。极不耐水渍，水分过多容易引起根部腐烂，日常浇水要不干不浇，干了浇透。雨季和夏季高温高湿容易发生根腐病。

【主要用途】

植株矮小，叶大，贴地而生，果实红色艳丽，观赏价值高，适合盆栽观赏或作为园林地被植物。

39 矮短紫金牛

Ardisia pedalis Walker, J. Arnold Arbor. 23(3): 351-352. 1942.

【自然分布】

广西。越南。生于海拔 100–1000m 的浓密阔叶林下、丘陵地区、岩石缝间、溪边等阴湿地。

【迁地栽培形态特征】

小灌木，高 30–60cm。

茎 具匍匐根茎，幼枝密被锈色鳞片。

植株

叶 坚纸质，略厚，倒卵形，长 6–7cm，宽 2.2–5cm，顶端渐尖，基部广楔形，边缘具波状圆齿，齿间具腺点，两面无毛，背面密被小窝点，中、侧脉于叶面下凹，背面隆起，侧脉不连成边缘脉；叶柄长约 5mm。

花 伞形花序，腋生，总花梗长 1–1.2cm，花梗长约 1cm，均被锈色短柔毛；花长约 8mm，花萼仅基部连合，萼片长 3–4mm，长圆状卵形，顶端急尖，被锈色短柔毛，具腺点；花瓣淡粉色至白色，椭圆状卵形，顶端急尖，具腺点，外面无毛，里面近基部具白色乳头状突起；雄蕊略短于花瓣，花药披针形，顶端急尖，无腺点；雌蕊略长于花瓣，子房球形，具腺点，无毛。

果 球形，红色，直径 8–10mm，具腺点，无毛。

【引种信息】

华南植物园 自广东新丰引种苗（登录号 20060617）。生长快，长势好。

【物　候】

华南植物园 2 月下旬叶芽开放；3 月上旬至 4 月中旬展叶；4 月下旬现花序、5 月下旬始花、6 月上旬盛花、6

1. 花序；2. 叶面；3. 叶背；4-6. 花特写

月下旬开花末期；6 月下旬幼果初现、11 月下旬果实成熟、翌年 2 月下旬果实脱落。

【迁地栽培要点】

喜荫蔽通风环境，不耐干旱和暴晒，适合种植在有浓荫的林下。对土质要求不严，但以疏松透气、排水良好的腐殖土或砂质壤土为好。夏、秋少雨时节要求水分充足。植物匍匐性强，采用压条繁殖成活率高，节间着地均可生根。生性强健，病虫害少见。

果

【主要用途】

植株矮小别致，根茎匍匐性强，叶色青翠，果实红艳，是优良的观叶、观果和地被植物，适宜盆栽观赏，地被绿化，庭院点缀。

40 花脉紫金牛

Ardisia perreticulata C. Chen, Fl. Reipubl. Popularis Sin. 58: 82. 1979.

【自然分布】

广东、广西。生于海拔 110–1000m 的山间密林下，岩石缝间或水旁。

【迁地栽培形态特征】

小灌木，高 50cm 以下。

茎 具匍匐茎，老茎褐色，幼茎紫红色，幼嫩时密被锈色微柔毛，以后渐无毛。

植株

叶 坚纸质，倒披针形或倒卵形，长 8–15cm，宽 3–5.5cm，顶端渐尖或急尖，基部楔形，微下延，边缘具疏浅圆齿至近全缘，具疏边缘腺点，两面被疏微柔毛或细鳞片，以脉上尤多，具两面均隆起的密腺点，中脉叶面绿色，背面深红色，侧脉不连成边缘脉；叶柄长 2–2.5cm，被微柔毛。

花 亚伞形花序，腋生或侧生，密被微柔毛，有时顶端具 1–2 片退化叶或 1 束苞片；总梗长 2–2.5cm，花梗长 1–1.5cm；花长 5–8mm，花萼仅基部连合，正面密被微柔毛，背面被疏微柔毛，萼片长 2.5mm，卵形或长圆状卵形，顶端钝或急尖，具缘毛，具腺点；花瓣白色；花瓣中部由基部至 2/3 处紫红色，长 5–7mm，长卵形，顶端略钝，无毛；雄蕊较花瓣略短，花药披针形，背部密生黑色腺点；雌蕊与花瓣等长，子房卵珠形，无毛。

果 球形，暗红色，直径 8–10mm，幼果密生黑色腺点，果熟后腺点不明显或无。

【引种信息】

桂林植物园 自广西容县引种苗（无引种号）。长势良好。

1. 嫩叶；2. 叶面；3. 叶背；4. 花序；5-6. 花特写

【物　　候】

桂林植物园　1 月下旬叶芽开放、4 月中旬花叶芽开放；3 月中旬展叶始期、3 月下旬展叶盛期； 5 月上旬现花序、6 月中旬始花、6 月下旬盛花、7 月上旬开花末期。7 月上旬幼果初现、11 月下旬至 12 月上旬果实成熟。

果

【迁地栽培要点】

在桂林的气候条件下，能够安全度夏过冬。适合栽种于林下阴湿的地方，土壤要求质地疏松，腐殖质含量高。植株枝条柔软容易倒伏，可以插木签进行固定。未见有病虫害。

【主要用途】

植株矮小，花粉果红，叶片墨绿，特别是嫩叶中脉红色，配上苹果绿的嫩叶煞是好看，适合盆栽观赏或作林下地被成片种植。

41 钮子果（别名：扣子果、圆果紫金牛）

Ardisia polysticta Miq., Fl. Ind. Bat., Suppl. 1: 576.1861.

【自然分布】

云南、贵州、广西、海南、台湾。越南、缅甸、泰国、印度、印度尼西亚。生于海拔 300-2700m 的阔叶林下、山坡、山谷等阴暗潮湿地。

【迁地栽培形态特征】

灌木，高 1-3.6m。

茎 粗壮，无毛，除侧生特殊花枝外，无分枝。

叶 坚纸质或近革质，椭圆形、长圆状披针形，长 12-20cm，宽 5.5-8cm，顶端渐尖，基部楔形，边缘具皱波状圆齿，齿间具腺点，两面无毛，背面具密腺点，侧脉连成紧靠边缘的边缘脉；叶柄长 0.8-1cm。

花 复伞房花序，生于侧生特殊花枝顶端，花枝长 30-60cm，无毛；总梗长 5-7cm，花梗长 1-3.5cm，均无毛；花长 0.6-1.5cm，花萼仅基部连合，萼片长 3-5mm，宽卵形至圆形，顶端圆形，基部耳形，微重叠，具腺点；花瓣白色或粉红色，卵状披针形，顶端渐尖，具腺点，外面无毛，里面近基部被微柔毛；雄蕊略短于花瓣，花药披针形，背腺点不明显；雌蕊与花瓣等长或略短，子房球形，具腺点。

果 球形，红色，直径 9-12mm，具腺点。

【引种信息】

版纳植物园 自云南勐腊县望乡台引种苗（引种号 00，2008，0600）。生长快，长势好。

华南植物园 自西双版纳（登录号 20111985）、云南文山（登录号 20130172）引种苗。生长中等，长势中等。

桂林植物园 自广西靖西（引种号 msz-153）、广西那坡（引种号 msz-172）引种苗，自广

植株

枝叶

1. 叶面；2. 花序；3. 花特写

西防城港引种种子（引种号 msz-223）。春秋长势好，夏天生长不良。未见花果。

【物 候】

版纳植物园 2 月上旬叶芽开放；2 月中旬展叶、3 月中旬展叶盛期；3 月上旬现花序、3 月中旬始花、3 月下旬盛花、6 月中旬开花末期；6 月中旬幼果初现、9 月下旬果实成熟、翌年 3 月上旬果实脱落。

华南植物园 3 月中旬叶芽膨大；4 月上旬叶芽开放；4 月中旬至 5 月中旬展叶；4 月中旬现花序、5 月中旬始花、5 月下旬盛花、6 月中旬开花末期。花后不结果。

桂林植物园 2 月下旬叶芽开放；3 月中旬开始展叶。

【迁地栽培要点】

不耐高温，喜阴凉环境。宜选择林下或林缘处，腐殖质较多、潮湿、微酸性土壤种植。采用播种、扦插繁殖，播种发芽率约 80%，扦插生根率约 45%。及时摘心促分枝，果实采收后修剪枯枝并增施有机肥，利于翌年开花。华南植物园未见病虫危害；版纳植物园有鳞翅目蝶类虫害；桂林植物园在夏季高温时，阴棚里的植株由顶端开始腐烂直至基部导致植株死亡，移栽到树荫下能够正常生长。

【主要用途】

1. 根可入药。具有清热解毒、散淤止痛。主治感冒发热、咽喉肿痛、小儿疳积、麻风等症。

2. 枝叶繁密，果实鲜红，适合作为园林配置树种。

果

42 莲座紫金牛（别名：毛虫药、赫地涩、老虎脷）

Ardisia primulifolia Gardn. & Champ., Hooker's J. Bot. Kew Gard. Misc. 1: 324. 1849.

【自然分布】

云南、贵州、广西、海南、广东、湖南、江西、福建。越南。生于海拔600-1400m常绿阔叶林下、竹林下、溪边、岩石缝间等阴湿地。

【迁地栽培形态特征】

近草本，呈莲座状；茎高1.5-2cm。

茎 主干极短，具叶痕，无毛，侧枝密被锈色长柔毛。

叶 基生呈莲座状，坚纸质，椭圆形或倒卵形，长5-12cm，宽3-7cm，顶端钝或急尖，基部圆形或楔形，边缘具不明显的疏浅圆齿，齿间腺点不明显，两面密被锈色或紫红色卷曲长柔毛，中、侧脉于叶面下凹，背面隆起，侧脉不连成边缘脉，离边缘甚远即分叉；叶柄长约5mm，密被长柔毛。

花 聚伞花序，自莲座叶腋中抽出，总梗长3-5cm，花梗长5-7mm，均密被锈色长柔毛；花长5-6mm，花萼仅基部连合，萼片长2-3mm，长圆状披针形，顶端急尖，具腺点，外面被锈色长柔毛；花瓣粉红色至白色，广卵形，顶端急尖，具腺点；雄蕊短于花瓣，花药披针形，顶端急尖，背部具腺点；雌蕊与花瓣近等长，子房卵珠形，具疏微柔毛，具腺点。

植株

1. 叶面；2. 叶背；3. 花特写；4. 花序；5. 花特写；6. 果

果 球形，红色，直径 5-7mm，幼果腺点明显，成熟后不明显，无毛。

【引种信息】

华南植物园 自贵州梵净山（登录号 20113988）、桂林植物园（登录号 20140589）引种苗。生长中等，长势中等，坐果率低。

桂林植物园 自广西融水引种苗（引种号 msz-119）。生长缓慢，长势中等，坐果率低。

【物　　候】

华南植物园 5 月下旬现花序、6 月上旬始花、6 月中下旬盛花、7 月上旬开花末期；7 月上旬幼果初现、11 月下旬果实成熟、翌年 1 月下旬果实脱落。

桂林植物园 2 月下旬叶芽开放；4 月上旬开始展叶；5 月上旬现花序、5 月下旬至 6 月初始花、6 月中旬盛花、6 月下旬开花盛期；6 月上旬幼果初现、11 月下旬果实成熟。

【迁地栽培要点】

喜阴，不耐高温和强光。根系较浅，对土壤要求严格，选择质地疏松不易板结的基质，如泥炭土、腐烂叶沤制而成的腐殖土有利于其生长发育。植株矮小，几乎贴地而生，在植株下方铺一层苔藓类的物质可以避免泥水溅到叶片引起叶片腐烂发生病害。极不耐水渍，水分过多容易引起根部腐烂，日常浇水要不干不浇，干了浇透。雨季和夏季高温高湿容易发生根腐病。

【主要用途】

1. 全株可入药，具有补血、止咳、通络功效，用于治疗痨伤咳嗽、风湿跌打，外用治疮疥、毛虫刺伤。

2. 植株呈莲座状，叶片密被紫色长柔毛，果鲜红夺目，是优良的观叶观果植物，可做小型盆栽供观赏。

43 块根紫金牛（别名：山萝卜）

Ardisia pseudocrispa Pit. in Lecomte, Fl. Indo-Chine 3: 871. 1930.

【自然分布】

广西。越南。生于海拔 280-850m 的常绿阔叶林下、山坡、山顶阳处、灌木丛中、石灰岩山顶。

【迁地栽培形态特征】

灌木，高 0.3-1cm，野生植株高可达 2m。

茎 植株具肥大的块根，根直径可达 10cm，小枝无毛或有时被微柔毛。

叶 坚纸质，椭圆形或倒卵状披针形，长 5-8cm，宽 1.5-2.5cm，密生黑色腺点，叶背及近叶缘处较为明显，顶端钝，基部楔形，边缘具浅圆齿，齿间具腺点，两面无毛，中脉于叶面下凹，叶背突起，叶面脉平展，叶背稍突起，侧脉直达边缘腺点不连成边缘脉；叶柄长约 1cm。

花 由伞形花序组成的圆锥花序，生于侧生特殊花枝顶端；花卵状，淡黄色至白色，凸尖，密生淡黄色腺点，开花时，顶端向后反折；花梗无毛，长约 10mm；花长 7-8mm，萼片 5，翠绿色，卵状，仅基部连合，凸尖，约 3mm 长，两面无毛，内外两侧均具黑色腺点；雄蕊 5，长 5mm，花药三角状钻形，顶端尾尖，背面具腺点；雌蕊与花瓣等长，花柱具微柔毛，无腺点；子房卵珠状，密被黑色腺点，无毛。

植株

果

1. 叶面；2. 幼苗；3. 植株生长野外生境；4. 花序；5-6. 花特写

果 球形，红色，直径约 8mm，腺点不明显，无毛。（野外果）

【引种信息】

桂林植物园 自广西那坡（引种号 msz-104）、广西靖西（引种号 msz-191）、广西宁明（引种号 msz-200）、广西大新（引种号 msz-212）引种苗。生长良好。

【物　　候】

桂林植物园 3 月上中旬叶芽开放；3 月下旬至 4 月初展叶；5 月中旬现花序、6 月中旬始花、6 月下旬盛花期、7 月中下旬开花末期；7 月下旬幼果初现、11 月中旬果实成熟。

【迁地栽培要点】

选择光线比较充足、相对阴湿的疏林地栽培，过于荫蔽会引起苗木徒长，不利于块根的形成。人工栽培宜选择质地疏松的栽培基质，播种或扦插繁殖均可。生长季节保持土壤湿润，做好松土除草。目前，未发现有明显病害，但果期常受蛀果害虫的危害，开花末期至幼果出现期每隔 10-15 天喷洒一次内吸或触杀性的农药可以达到很好的防治效果。

块根

【主要用途】

1. 根可入药。具有清热解毒、消肿止痛的功效。用于肾炎、扁桃腺炎、风湿关节痛、跌打损伤等症。块根喂牛有增膘强壮的作用。

2. 果实鲜红，挂果时间长，是优良的观果树种。可盆栽、园林景观配置等。

44 总序紫金牛（新拟）

Ardisia pubicalyx var. ***collinsiae*** (H.R. Fletcher) C.M. Hu, Blumea 44(2): 404. 1999.

【自然分布】

越南、老挝、泰国、马来半岛、印度尼西亚。生于海拔 300–1300m 的林缘和溪边。

【迁地栽培形态特征】

灌木，高 1–2m。

茎 具皮孔和皱纹，幼枝被锈色鳞片，老枝无毛无鳞片。

叶 薄革质，椭圆形或椭圆状披针形，长 7–24cm，宽 3–8cm，顶端渐尖，基部广楔形，全缘，两面无毛，中、侧脉于叶面下凹，背面隆起，侧脉不连成边缘脉，边缘具密腺点；叶柄长 0.7–1.2cm。

花 总状花序，长 6–12cm，腋生，无毛；花梗长 1–1.3cm，无毛；花长 6–7mm，花萼仅基部连合，萼片长约 2mm，宽卵形，顶端急尖，基部耳形，微重叠，具黑色腺点，边缘具缘毛；花瓣紫色，卵形，顶端渐尖，具黑色腺点；雄蕊略短于花瓣，花药披针形，背面具腺点；雌蕊与花瓣近等长，子房球形，具腺点，无毛。

植株

果 球形，暗红色至黑色，直径 6–8mm，具腺点，无毛。

【引种信息】

版纳植物园 自老挝引种种子（引种号 30，2002，0427）。生长良好。

华南植物园 自版纳植物园引种苗（登录号 20042788）。生长中等，长势好。

【物　　候】

版纳植物园 5 月上旬叶芽开放；5 月下旬展叶、6 月上旬展叶盛期；5 月上旬现花序、6 月下旬始花、7 月上旬盛花、10 月中旬开花末期；8 月上旬幼果出现、翌年 2 月上旬果实成熟、4 月上旬果实脱落。

华南植物园 4 月下旬叶芽开放；5 月中旬开始展叶；5 月中旬现花序、6 月中旬始花、6 月下旬盛花、7 月上旬开花末期；7 月上旬至 8 月下旬第二次开花；9

1. 叶面；2. 叶背；3. 花特写；4. 花序

月上旬至10月下旬第三次开花；8月上旬幼果初现、10月下旬果实陆续成熟、翌年4月下旬果实脱落。

【迁地栽培要点】

半阴性植物，能耐一定光照，宜选择荫蔽林下或林缘处种植。对土壤要求不严，但以疏松、不易板结、富含腐殖质的土壤为好。植株主干细弱，需用木条加固防风吹倒，并注意修剪促进分枝。采用播种和扦插繁殖，播种发芽率约90%，扦插生根率约45%。生性强健，未见病虫危害。

【主要用途】

植株叶片宽大厚实，发枝力强，适合修剪造型，可丛植或片植于庭院角隅、高架桥、立交桥下或山石旁。

45 毛脉紫金牛

Ardisia pubivenula Walker, Philipp. J. Sci. 73(1-2): 146-148. 1940.

【自然分布】

海南、广西。生于海拔 800m 的山间密林下、溪边潮湿的地方。

【迁地栽培形态特征】

蔓生灌木。

茎 具匍匐茎，茎长可达 35cm，密被锈色柔毛，茎尾端直立，直立高度 4–10cm。

叶 坚纸质，卵形或椭圆状卵形，长 4–5cm，宽 2–2.5cm，顶端急尖，基部圆形或心形，边缘具锐锯齿，幼时两面被糙伏毛，以后叶面无毛，背面被毛，以脉上居多，中、侧脉于叶面下凹，于叶背隆起，侧脉不连成边缘脉；叶柄长 2–4cm，密被锈色绒毛。

花 总状花序，侧生，长 1.5–2cm，被微柔毛；花梗长 6–8mm，被微柔毛；花梗基部具一枚苞片，苞片长约 3mm；花长约 4mm，萼片长 1.5mm，仅基部连合，卵形，顶端急尖，具腺点；花瓣白色，卵形，顶端急尖，具腺点；雌蕊略短于花瓣，花药披针形，顶端急尖，背面无腺点；雌蕊与花瓣等长，子房球形，具腺点。

果 球形，红色，直径约 10mm，被细微柔毛，幼果腺点明显，成熟果腺点不明显。

【引种信息】

华南植物园 自海南吊罗山引种苗（登录号 20155001）。生长中等，长势好，坐果率低。

植株

1. 叶面；2. 叶背；3. 茎；4. 花序；5-6. 花特写

【物　　候】

华南植物园　3 月上旬叶芽开放；3 月中旬开始展叶、3 月下旬展叶盛期；4 月上旬现花序、5 月上旬始花、5 月中旬盛花、5 月下旬开花末期；5 月下旬幼果初现（1 粒）、11 月月底果实脱落。8 月中旬第二次开花，花期 1 个月，花后无果。

【迁地栽培要点】

喜阴，不耐干旱和暴晒，在炎热夏季需遮阴。对土壤和水分要求较严，土壤要求疏松透气不板结，水分不可过干过湿，多雨季节防水渍，夏季每日浇水防干旱。植株矮小且生长缓慢，少修剪任其生长。采用播种、分株、扦插繁殖。病虫害少见。

【主要用途】

植株小巧，叶形奇特，果实红艳，是优良的观叶观果植物，可盆栽观赏或片植于荫蔽处作地被绿化。

果

46 紫脉紫金牛

Ardisia purpureovillosa C.Y. Wu & C. Chen ex C.M. Hu, Acta Bot. Austro-Sin. 6: 29. 1990.

【自然分布】

云南、广西、海南。越南。生于海拔550–1800m常绿阔叶林下或石灰岩山坡密林下阴湿的地方。

【迁地栽培形态特征】

灌木，高约1m。

茎 密被紫红色长柔毛，除侧生特殊花枝外无分枝。

叶 轮生或互生，坚纸质，披针形，长7–18cm，宽2–4cm，顶端渐尖，基部楔形，边缘具细锯齿，两面被微柔毛，以背面脉上居多，或两面无毛，细脉网状，网眼具碎发状腺点，中、侧脉紫色，于叶面平整，背面隆起，侧脉不连成边缘脉；叶柄0.5–1cm，密被长柔毛。

花 亚伞形和复伞形花序，着生于侧生特殊花枝顶端，花枝长4–7cm，近顶端具2–4片披针形小叶；总梗长5–8mm，常下弯，密被锈色长柔毛；花梗长约6mm，密被锈色长柔毛；花长约5mm，花萼仅基部连合，密被锈色长柔毛，萼片长约3.5mm，披针形，具腺点和长缘毛，里面无毛；花瓣紫红色，广卵形，长约5mm，顶端广急尖且钝，具细腺点，无毛；雄蕊约为花瓣长的1/2，花丝紫色，长1.5mm，花药广卵形，背部无腺点，顶端细尖；雌蕊与花瓣等长或略长，子房卵形，无毛或被微柔毛。

植株

果 球形，红色，直径6mm，被毛，幼果腺点明显，成熟果腺点不明显。

【引种信息】

华南植物园 引种记录不详。生长良好，长势中等。

桂林植物园 自广西那坡引种苗（引种号msz-025）。生长良好，长势中等。

【物　候】

华南植物园 2月下旬叶芽开放；3月上旬至4月中旬展叶；3月中旬现花序、4月上旬始花、4月中旬盛花、4月下旬开花末期。花后不结果。

桂林植物园 1月下旬2月初叶芽开放；3月中旬开始展叶、5月上旬盛叶；3

1–2. 花特写；3. 花枝；4. 叶面；5. 叶背；6. 果

月中旬现花序、5 月上旬始花、5 月中旬盛花、5 月中下旬开花末期、5 月中下旬幼果初现后不久脱落。

【迁地栽培要点】

要求栽培基质疏松透气、肥沃，板结的土壤有碍于其生长，并定植于林下、水边等阴凉环境下，适时除草、修剪、松土施肥。目前未见病虫害。

【主要用途】

1. 全株可入药，用于治疗风湿骨痛。
2. 优良的观花、观果植物，适宜盆栽或园林绿化配置。

47 九节龙（别名：矮茶子、蛇药）

Ardisia pusilla A. DC., Trans. Linn. Soc. London 17(1): 126. 1834.

【自然分布】

四川、贵州、广西、海南、广东、江西、福建、台湾。日本、韩国、马来西亚、菲律宾。生于海拔200–700m的常绿阔叶林下、路旁、岩石裂缝、溪边等阴湿地。

【迁地栽培形态特征】

蔓生灌木，直立茎高10–25cm。

茎 具匍匐根状茎，茎长30–50cm，中间有分枝，直立，幼枝密被白色长柔毛，老枝密被锈色长柔毛。

叶 近轮生，坚纸质，倒卵形或椭圆形，长4–6cm，宽2–3cm，顶端宽锐尖或钝，基部广楔形，少有圆形，边缘具明显锯齿，叶面被糙伏毛，毛基部隆起，背面具长柔毛，侧脉6–7对，尾端分叉直达齿间，边缘脉不明显；叶柄长3–5mm，被长柔毛。嫩叶红色。

花 伞形花序，长3–4cm，侧生，被长柔毛；花梗长3–9mm，被短柔毛；花长4–5mm，花萼仅基部连合，萼片披针形，顶端渐尖，长约4mm，被长柔毛；花瓣白色，宽卵形，顶端渐尖，两面无毛，具腺点；雄蕊略短于花瓣，花药卵形，顶端急尖，背面具腺点；雌蕊与花瓣几等长，子房球形，具腺点。

果 球形，红色，直径5–7mm，具腺点，无毛。

【引种信息】

华南植物园 自广东清远（登录号20020479）、广西药用植物园（登录号20050658）引种苗。生长快，长势好。

桂林植物园 自广西阳朔（引种号msz-077）、融水（引种号msz-100）引种苗。生长快，长势好。

峨眉山生物站 自四川峨眉山引种苗（引种号84-0575-01-EMS）。生长快，长势好。

武汉植物园 广西龙胜县引种苗（引种号049360）。生长快，长势中等。坐果率低。

植株

嫩叶

1. 叶面；2. 叶背；3. 幼果；4. 花特写；5. 花序；6. 果

【物　　候】

华南植物园　2 月下旬叶芽开放；3 月上旬开始展叶、3 月中旬展叶盛期；4 月上旬现花序、5 月上旬始花、5 月中旬盛花、5 月下旬开花末期；5 月下旬幼果初现、11 月下旬果实成熟、翌年 1 月上旬果实脱落。

桂林植物园　2 月下旬叶芽开放；3 月上旬开始展叶、3 月中旬展叶盛期；4 月中旬现花序、6 月上旬始花、6 月中旬盛花；6 月中旬幼果初现、11 月下旬果实成熟。

峨眉山生物站　5 月中旬现花序、6 月中旬始花、7 月上旬至 7 月中旬盛花、7 月下旬开花末期；8 月上旬幼果初现、11 月下旬果实成熟、翌年 7 月上旬果实脱落。

武汉植物园　3 月下旬叶芽开放；4 月上旬开始展叶、4 月中旬展叶盛期；6 月中上旬始花、6 月中旬盛花、6 月下旬开花末期；7 月中旬幼果初现、8 月下旬果未熟即开始脱落。

【迁地栽培要点】

喜阴，忌强光直射。春季移植成活率高。对土壤要求不严，栽于树荫下、坡地或泥坎上。盆栽常用疏松的菜园土栽植，盆土要疏松利水，放置阴凉处即可。暂未见病虫害。采用播种、压条、组培繁殖。生性强健，少见病虫害。

【主要用途】

1. 全株可入药，具清热利湿、活血消肿等功效，用于跌打损伤、风湿疼痛、咳嗽吐血、蛇咬伤、月经不调等症。现代医学研究证明，九节龙活性成分九节龙皂苷对宫颈癌 Hela 细胞生长有抑制作用，并有抗肿瘤和免疫调节作用。

2. 植株嫩叶鲜红，果实靓丽，根茎匍匐性强，是良好的园林地被植物，适合地被绿化或作垂吊植物盆栽观赏。

48 罗伞树（别名：火炭树、鸡眼树）

Ardisia quinquegona Bl., Bijdr. Fl. Ned. Ind. 13: 689. 1825.

【自然分布】

四川、云南、广西、海南、广东、福建、香港、澳门、台湾。日本、印度、马来西亚、泰国、越南。生于海拔25–1300m的山坡疏密林中、林间溪边阴湿地。

【迁地栽培形态特征】

灌木，高1.5–3m。

茎 分枝多，具纵纹及皮孔，无毛，幼枝被锈色鳞片。

叶 坚纸质，长圆状披针形或倒披针形，长5–12cm，宽1.2–2.4cm，顶端渐尖，基部楔形，全缘，两面无毛，背面被鳞片，中脉隆起，侧脉多数，与中脉几呈直角，连成近边缘的边缘脉；叶柄长0.8–1cm，被锈色鳞片。

花 聚伞花序或亚伞形花序，长3–8cm，腋生或生于短的侧生花枝顶端，被疏鳞片；花梗长0.5–1cm，被疏鳞片；花长3–4mm，萼片三角状卵形，长约1mm，顶端急尖，具腺点；花瓣白色，宽卵形，顶端急尖，具腺点，外面无毛，里面近基部具微柔毛；雄蕊略短于花瓣，花药卵形，背面具腺点；雌蕊略长于花瓣，子房球形，无毛，具腺点。

植株

果 扁球形，紫红色至黑色，具钝5棱，直径5–8mm，无毛，无腺点。

【引种信息】

华南植物园 自广东鼎湖山（登录号19630400）、广西桂林（登录号19770075）、广西钦州（登录号20100889），海南（登录号20112808）引种苗。生长快，长势好。

桂林植物园 自广西阳朔（引种号msz-092）、广西那坡（引种号msz-099）引种苗。长势良好。

武汉植物园 自广西大新县硕龙镇引种苗（引种号058809）。生长中等，长势好。冬季落叶，稍不耐寒。

【物　候】

华南植物园 2月下旬叶芽开放；3月

1. 叶面；2. 叶背；3. 花枝；4. 花特写；5. 幼果；6. 果枝；7. 果

上旬开始展叶、3 月中旬展叶盛期；3 月上旬现花序、4 月中旬始花、4 月下旬盛花、5 月中旬开花末期；5 月下旬幼果初现、11 月上旬果实成熟、12 月下旬果实脱落。

桂林植物园 2 月中旬叶芽开放；3 月中下旬开始展叶；4 月中旬现蕾、5 月中旬始花、5 月下旬盛花、6 月上旬开花末期；6 月中旬幼果初现、11 月中下旬果熟期。

武汉植物园 4 月中下旬叶芽开放；5 月上旬开始展叶、5 月中旬展叶盛期；5 月中旬现花序、5 月下旬开花始期、6 月上旬开花盛期、6 月中旬开花末期；6 月下旬幼果初现、10 月下旬果实成熟、11 月下旬脱落。

【迁地栽培要点】

半阴性植物，能耐一定光照，但强光直射叶片容易发黄。选择林下或林缘处腐殖质较多的地方种植。生性强健，栽培养护简单，日常注意水分供应充足、适时中耕除草、整形修剪即可。采用播种和扦插繁殖，成活率高。少见病虫危害。

【主要用途】

1. 全株可供药用及兽医用药，有清热解毒、消肿止痛等功效。用于咽喉肿痛、跌打损伤、风湿痹痛等症。亦可作兽药。

2. 植株枝叶茂盛，果实别致，可盆栽观赏或丛植、片植于庭阴、林下、立交桥下作为绿化树种。

49 短柄紫金牛

Ardisia ramondiiformis Pit. in Lecomte, Fl. Indo-Chine 3: 812. 1930.

【自然分布】

海南。越南。生于密林下、山谷、沟边、石缝间等阴湿地。

【迁地栽培形态特征】

小灌木，高 30–40cm。

茎 粗壮，直径 1–2cm，密布大的叶痕，直立茎不分枝。

叶 坚纸质，聚生于茎顶端，倒披针形或倒卵形，长 20–35cm，宽 6–12cm，顶端广急尖或钝，基部下延成宽翅，边缘具密啮蚀状齿，齿具小尖头，叶面无毛，背面于脉上密被锈色短硬毛，叶脉明显，于叶面下凹，背面隆起，侧脉 17–25 对，不连成边缘脉；几无柄。

花 由伞形花序组成的总状圆锥花序，长 6–10cm，腋生，被锈色短硬毛；花梗长 5–6cm，被毛；花长约 5cm，花萼仅基部连合，萼片三角状卵形，顶端急尖，长约 2mm，具腺点，被毛；花瓣白色，卵形，顶端急尖，具腺点；雄蕊略短于花瓣，花药卵形，顶端急尖，背面具腺点；雌蕊与花瓣等长或略长，子房球形，被微柔毛。

果 球形，红色，直径 12–15mm，无腺点，被细微柔毛或几无毛。

【引种信息】

华南植物园 自越南引种苗（登录号 2009106）。生长中等，长势中等，坐果率低。

【物　　候】

华南植物园 2 月下旬叶芽开放；3 月上旬至 4 月上旬展叶；4 月下旬现花序、5 月下旬始

植株

花序

1. 叶片；2. 花特写；3. 花序；4. 叶面；5. 叶背；6–7. 果

花、6月上旬盛花、6月中旬开花末期，花后不结果；8月中旬第二次开花，花期1个月，花后不结果；10月中旬第三次开花，花期1个月，花后坐果2粒，翌年2月下旬果实成熟，4月上旬果实脱落。

【迁地栽培要点】

喜阴，不耐干旱、暴晒和寒冷。春季防水渍，夏、秋生长旺季要求水分充足，冬季控制肥水。广州地区气温低于10℃时，植株叶片出现受冻现象，需放入室内过冬。夏季高温易使叶片发生叶斑病，使花序发生煤烟病，应及时清除病叶，注意通风透气。迁地栽培条件下结果少，可采用扦插繁殖。

【主要用途】

植株株形矮小，叶片宽大碧绿，是优良的观叶植物，适合室内盆栽观赏。

50 卷边紫金牛

Ardisia replicata Walker, Bull. Fan Mem. Inst. Biol., Bot. 9: 169. 1939.

【自然分布】

云南、广西。越南。生于海拔 700–1400m 的山间密林下阴湿的地方。

【迁地栽培形态特征】

小灌木，高 20–30cm。

茎 具匍匐生根的根茎，无分枝，密被锈色绒毛，有明显叶痕。

叶 坚纸质，卵形至椭圆状卵形，长 8–16cm，宽 5–11cm，顶端广急尖，基部圆形或心形，边缘具细而密的啮蚀状锯齿，干时常向叶背反卷，幼时叶面被锈色微柔毛，以后无毛，有时随叶脉起皱纹，背面被锈色微柔毛，尤以中脉及侧脉为多，侧脉 8–13 对，尾端连成远离的边缘脉，细脉通常平行呈梯形；叶柄长 2–13cm，被长柔毛。

花 由亚伞形花序组成的总状花序或圆锥花序，长 4–9cm，着生于叶腋或节间钻形苞片腋间，被锈色柔毛或微柔毛；花梗长约 6mm，被毛；花长约 5mm，花萼仅基部连合，萼片卵形或椭圆状卵形，顶端急尖或钝，长约 1mm，多少具腺点及被微柔毛，具缘毛；花瓣粉红色，卵形，两面无毛，具腺点；雄蕊为花瓣长的 2/3，花药披针形，顶端钝，背部无腺点；雌蕊与花瓣近等长，子房球形，被微柔毛。

果 球形，深红色，直径 6–10mm，无腺点或腺点不明显，被细微柔毛。

【引种信息】

桂林植物园 自广西那坡引种苗（引种号 msz-157）。生长快，长势良好。

植株

1. 花特写；2–3. 花序；4. 茎；5. 叶面；6. 叶背

【迁地栽培要点】

喜阴，忌阳光直射，不耐干旱和水渍。适宜种植于沟边、水边等相对比较阴湿的环境。定期追施有机和复合肥料，适当控制尿素等使用量，避免植株徒长。主要采用播种繁殖。少见病害。

果

【物　　候】

桂林植物园　2月中旬叶芽开放；5月上旬开始展叶、5月中旬展叶盛期；5月上、中旬现花序，5月下旬始花，6月上旬盛花，6月中旬开花末期；6月下旬7月上旬幼果初现，11月下旬果实成熟。

【主要用途】

叶片浓绿，聚生茎顶，向四周开展，株形优美，是优良的观叶植物，适合室内盆栽观赏或庭院点缀。

51 红茎紫金牛

Ardisia rubricaulis S.Z. Mao & C.M. Hu Phytotaxa. 138 (1): 39-42. 2013.

【自然分布】

广西。生于石灰岩山地海拔995-1100m的灌木丛中，石灰岩石上积土或土壤肥厚的地方。

【迁地栽培形态特征】

灌木，高30cm，野生植株高可达1-1.7m。

茎 灰褐色，嫩枝暗红色，幼枝密被白色微柔毛，小枝比较柔弱，容易下垂。

叶 厚纸质至革质，椭圆状披针形或长圆状披针形，长12-16cm，宽2.2-3.4cm，顶端渐尖，先端钝，稍向后反卷，基部楔形，全缘，叶缘稍向后反折，具稀疏的边缘腺点，两面无毛，密生黑色腺点，叶面上有分散的小腺窝，中脉于叶面凹下，背面明显突起，侧脉12-18对，于叶面不明显，微下凹，叶背突起，直达边缘腺点，不连成边缘脉；叶柄红棕色，长约1cm。

花 亚伞形花序，生于特殊花枝枝顶，总花序轴长2-4cm，被锈色微柔毛；花梗7-10mm，被锈色微柔毛；花长约5mm，花萼分离，萼片椭圆形，长约3mm，先端圆形，有稀疏黑色腺点；花瓣紫色，花瓣底部近分离，椭圆形，先端急尖，两面密生黑色腺点；雄蕊略短于花瓣，花药披针形，先端急尖，背面有黑色腺点；雌蕊比花瓣略长，子房卵形，无毛。(野外花)

果 球形，直径6mm，红色，无毛，无腺点。(野外果)

【引种信息】

桂林植物园 自广西靖西引种苗(引种号msz-030、msz-183)。生长良好。

植株

茎

1. 幼苗；2. 叶背；3. 叶面；4. 叶背；5. 花特写；6. 果

【物　　候】

桂林植物园　2 月下旬叶芽开放；3 月中旬展叶。栽培植株未见开花结果。

【迁地栽培要点】

选择半阴的环境，种植在腐殖质含量高、质地疏松的基质或土壤上。土壤板结、过于荫蔽不利于生长。未见病虫危害。

【主要用途】

树形优美，叶片肥厚，果实鲜红亮丽，是优良的观叶观果植物，适合园林林下植物及假山的植物点缀。

52 梯脉紫金牛

Ardisia scalarinervis Walker, J. Wash. Acad. Sci. 21(19): 477-479. 1931.

【自然分布】

云南。生于海拔 1100–1600m 的峡谷、阔叶林下黑暗潮湿地。

【迁地栽培形态特征】

小灌木，高 40–70cm。

茎 直立茎粗，直径 1.1–1.2cm，嫩茎密被锈色绒毛，无分枝。

叶 常聚集于茎顶端，坚纸质，长倒卵形或倒披针形，长 16–21cm，宽 5–7cm，顶端广急尖，基部渐狭呈狭圆形，边缘具密针状细齿，近边缘及顶端具隆起的疏腺点，叶面无毛，背面被细褐色微柔毛，中脉密被粗毛状长柔毛及锈色卷曲的长柔毛，侧脉 25 对或更多，与中脉呈直角，平展，至边缘连成不规则的边缘脉；叶柄长 1–2cm，密被淡褐色或锈色长绒毛或长柔毛。

花 复伞形花序，腋生或生于近茎顶端叶腋，长达 3cm，被长柔毛，每个伞形花序有花约 7 朵；花梗和萼片为鲜红色，花瓣近白色；花梗长约 1.5cm，被毛；花长约 4mm，花萼仅基部连合，萼片长约 1.5mm，卵形，顶端急尖，外面被锈色微柔毛，具细缘毛，无腺点；花瓣长圆状卵形，无毛，顶端腺点较多；雄蕊较花瓣略短，花药卵形，背部无腺点；雌蕊与花瓣几等长，子房卵珠形，被细微柔毛。

果 球形，鲜红色，直径 7–9mm，无腺点，无毛。

【引种信息】

版纳植物园 自云南西双版纳州勐腊县勐远引种苗（引种号 C10061）。生长良好。

植株

1. 花特写；2. 花序；3-4. 叶背；5. 花蕾

【物　　候】

版纳植物园　5 月上旬叶芽开放；5 月下旬开始展叶、6 月展叶盛期，11 月上旬停长；4 月上旬现花序、5 月中旬始花、5 月下旬盛花、7 月上旬开花末期；6 月幼果初现、10 月下旬果实成熟、翌年 3 月上旬果实脱落。

果

【迁地栽培要点】

喜阴，不耐强光和干旱，炎热夏季需遮阴。在酸性较强的土壤中生长良好。植株矮小且生长缓慢，少修剪任其生长。夏季注意水分供给，通风，松土。采用播种繁殖，发芽率在 85% 以上。偶有蚧壳虫，用杀扑磷叶面喷施。

【主要用途】

植株矮小，叶、花、果靓丽，是优良的观叶、观花、观果植物，可盆栽、庭院点缀。

53 多枝紫金牛

Ardisia sieboldii Miq., Cat. Mus. Bot. Lugd.-Bat. 3: 190. 1867.

【自然分布】

浙江、福建、台湾。日本。生于海拔100–600m的混交林下、林缘、山坡、灌丛，或近海边林下。

【迁地栽培形态特征】

小乔木，最高植株达6m。

茎 分枝多，小枝幼嫩部分被疏鳞片，无毛。

叶 近革质，倒卵形或椭圆状卵形，长7–14cm，宽2.5–4.5cm，顶端钝，基部楔形，全缘，两面无毛，正面光滑，背面被疏鳞片，以中脉居多，侧脉多数，不明显，连成不明显的边缘脉；叶柄长约1cm。

植株

花 圆锥状复聚伞花序，长3–8cm，生于小枝顶端，被锈色鳞片；花梗长4–5mm，无毛；花长约4mm，花萼仅基部连合，萼片卵形，顶端急尖，长约1mm，具腺点；花瓣白色，宽卵形，顶端急尖，花时常反折，具腺点，无毛；雄蕊略短于花瓣，花药卵形，顶端急尖，背面具腺点；雌蕊与花瓣等长或略长，子房球形，具腺点，无毛。

果 球形，红色至黑色，直径约7mm，腺点不明显，无毛。

【引种信息】

华南植物园 引种信息遗失。生长快，长势好。

桂林植物园 自华南植物园引种苗、枝条（引种号msz-427）。生长良好，栽培植株未见花果。

【物　　候】

华南植物园 3月下旬叶芽开放；4月上旬开始展叶；4月上旬现花序、5月上旬始花、5月中旬盛花、6月上旬开花末期；6月中旬幼果初现、11月下旬果实成熟、翌年1月上旬果实脱落。

1. 叶面；2. 叶背；3. 果；4. 花枝；5. 花序；6. 花特写

桂林植物园 1月下旬叶芽开放；2月中旬展叶始期、3月上旬展叶盛期。

【迁地栽培要点】

喜阴，能耐一定光照。主根发达，吸水能力强，能耐一定干旱。生性强健，不择土质，移栽成活率高。全年均可修剪整枝，植株老化施以强剪更新。采用播种、扦插繁殖，成活率高。桂林地区露地栽培长势好，耐干旱，能顺利过冬。少见病虫危害。

【主要用途】

树形高大，枝繁叶茂，适宜作为行道树或园林绿化树。

54 酸苔菜（别名：帕累、腊瓣紫金牛）

Ardisia solanacea Roxb. Pl. Coromandel 1: 27. 1795.

【自然分布】

云南、广西。印度、尼泊尔、新加坡、斯里兰卡。生于海拔 400–1600m 的疏、密林下或林缘灌木丛中。

【迁地栽培形态特征】

灌木或小乔木，高 1–4m。

茎 无毛，侧生小枝粗壮，具大叶痕、皮孔及皱纹。

叶 坚纸质，椭圆状披针形或倒披针形，长 10–26cm，宽 4–8cm，顶端急尖、钝或圆形，基部楔形，全缘，两面无毛，侧脉约 20 对，明显，连成边缘脉，细脉不明显；叶柄长约 2cm，无毛。嫩叶暗红色。

植株

花 亚伞形花序或总状花序，长 5–8cm，腋生，无毛；总梗、花梗粗壮，直径 2–3mm，无毛；花梗长 1–2cm，无毛；花长约 1cm，萼片宽卵形或近圆形，长约 3mm，顶端圆形，基部耳形，微重叠；花瓣紫红色，长约 1cm，宽卵形，顶端急尖，两面无毛，无腺点；雄蕊长为花瓣的 1/2，花药披针形；雌蕊与花瓣几等长，子房球形，无毛，具腺点。

果 球形，红色或红黑色，直径 0.8–1.2cm，无毛，幼果具腺点，成熟后腺点不明显。

【引种信息】

版纳植物园 自老挝引种苗（引种号 30，2002，0097）。生长快，长势好。

华南植物园 “文化大革命”前已有栽培，引种信息遗失。2005 年自深圳仙湖植物园第二次引种苗（登录号 20051153）。生长快，长势好。

【物　候】

版纳植物园 2 月中旬叶芽开放；2 月

1. 花特写；2. 花序；3. 花特写；4. 叶面；5. 叶背；6. 花枝；7. 植株

下旬展叶、3 月中旬展叶盛期；2 月中旬现花序、3 月下旬始花、4 月中旬盛花、5 月上旬开花末期；5 月上旬幼果初现、10 月上旬果实成熟、11 月下旬果实脱落。

华南植物园　2 月下旬叶芽开放；3 月上旬至 4 月中旬展叶；3 月中旬现花序、4 月中旬始花、4 月下旬盛花、5 月中旬开花末期；5 月中旬幼果初现、10 月中旬果实成熟、12 月下旬果实脱落。

【迁地栽培要点】

喜阴，有一定的耐光性和耐旱性。栽培养护可粗放管理，移栽成活率高。及时摘心促进分枝，全年均可修剪整枝，植株老化施以强剪更新。采用播种、扦插繁殖，自播能力强，播种发芽率达 95% 以上，扦插生根率约 50%。华南植物园室外栽培植株偶有广翅蜡蝉危害，版纳植物园未见病虫害。

果

【主要用途】

1. 全株含有丰富的岩白菜素，具有镇咳祛痰的功效。嫩叶、嫩茎经过烫软处理后可食用。

2. 树干粗壮笔直，枝叶茂盛，花粉紫色，适合作为园林、庭院绿化树种。

55 南方紫金牛

Ardisia thyrsiflora D. Don, Prodr. Fl. Nep. 148. 1825.

【自然分布】

广西、云南。海拔600–1800m的山谷、山坡林中或林缘、阴湿的地方。印度、尼泊尔、缅甸等地亦有。

【迁地栽培形态特征】

灌木或小乔木，高1.5m。

茎 灰褐色，有细条浅纵裂和皮孔；幼枝顶芽被褐色鳞片；花枝多而密，特殊花枝基部膨大。

叶 坚纸质，狭长圆状披针形至倒披针形，长12–20cm，宽2–6cm，顶端渐尖，基部楔形或稍下延呈浅沟状，全缘，两面无毛，背面幼时被细小的鳞片，以后渐疏，腺点不明显，中脉与叶面持平，于叶背突起，侧脉多数，不明显，与中脉几呈直角，末端弯曲上升，不连成边缘脉；叶柄长约1cm，被锈色鳞片。

植株

花 圆锥花序，由复亚伞形花序组成，侧生或腋生于特殊花枝顶部，花枝长20–50cm，被锈色微柔毛和鳞片；花梗长约5mm；苞片线形，长达7mm，具缘毛，早落；花长6mm，花萼基部微微连合或几分离，萼片卵形至椭圆状卵形，长1.5–2mm，顶端急尖或钝，里面被短柔毛，具缘毛，无腺点；花瓣粉红色或紫红色，卵形，长约6mm，两面无毛，无腺点；雄蕊长约4mm，花丝长不及花药的1/2，花药卵形至披针形，顶端突然急尖，背部无腺点；雌蕊长约7mm，无毛；胚珠多数，1轮。

果 球形，目前仅见幼果。

【引种信息】

桂林植物园 自广西那坡引种苗（引种号msz-016）。生长慢，长势中等。

【物　候】

桂林植物园 1月下旬叶芽开

1. 叶面；2. 叶背；3. 幼果；4. 花序；5-6. 花特写

放；2 月中旬展叶、3 月上旬盛叶期；4 月上旬现蕾、5 月上旬始花、5 月上中旬盛花、5 月下旬开花末期。6 月上旬幼果出现后不久脱落。

【迁地栽培要点】

本种管理比较粗放，在全光照和半阴环境下均生长良好，少见病虫害。适合定植于腐殖质含量高和质地疏松的土壤环境。为保证植物正常生长，适时中耕除草并在 3-9 月生长期内定期施用有机液肥，如花生麸水或人粪尿等。

【主要用途】

植株枝繁叶茂，叶色浓绿，满树花果，具有很高的观赏价值，适合园林绿化中上层景观植物配置，特别是假山上的景观配置。

56 防城紫金牛

Ardisia tsangii Walker, J. Arnold Arbor. 23(3): 353.1942.

【自然分布】

广西。生于常绿阔叶林下阴暗潮湿、土质肥厚的地方。

【迁地栽培形态特征】

灌木，高 60–70cm。

茎 纤细，具皮孔，幼枝被微柔毛。

植株

叶 厚坚纸质或近革质，长圆状披针形，长 9–16cm，宽 1.6–2.2cm，顶端渐尖，基部楔形，边缘反卷，具微波状齿，齿间腺点不明显，两面无毛，背面中脉隆起，被微柔毛，侧脉 10–13 对，平整，连成边缘脉；叶柄长 5–8mm，被微柔毛。

花 伞形花序，着生于侧生特殊花枝顶端，花枝长 6–12cm；花梗长 1–1.2cm，被疏柔毛；花长约 7mm，萼片阔卵形，仅基部互相连合，长约 2.5mm，先端圆形，具缘毛，背面有微柔毛，腹面无毛，两面密生黑色腺点；花瓣 5，长约 7mm，粉红色，基部有紫红色色带，椭圆状卵形，先端钝，两面无毛，密生黑色腺点，花时花瓣向后反折；雄蕊有花瓣 2/3 长，花药披针形，先端锐尖，背面密生黑色腺点，腹面无腺点；雌蕊与花瓣近等长或略短，子房球形，有白色柔毛，密生黑色腺点。

果 栽培植株尚未结果。

【引种信息】

华南植物园 自广西十万大山引种苗（登录号 131567）。生长缓慢，长势一般。

桂林植物园 自广西十万大山引种苗（引种号 msz-330）。长势良好。

1. 叶面；2. 叶背；3. 花序；4. 花特写

【物　　候】

华南植物园 2月下旬叶芽开放；3月上旬至4月下旬展叶；4月上旬现花序、5月上旬始花、5月中旬盛花、6月上旬开花末期；花后不结果。

桂林植物园 5月上旬现蕾、6月上旬花蕾膨大、6月中旬始花，6月中下旬盛花、6月下旬至7月中旬末花期。花后不结果。

【迁地栽培要点】

喜荫蔽、通风环境，不耐干旱和暴晒。适合种植在有浓荫的林下，土壤要求腐殖质含量高和质地疏松。春季防水渍，夏、秋少雨时期要水分充足。植株生长缓慢，尽量少修剪。迁地栽培条件下未结果，采用扦插繁殖。华南植物园栽培植株易受紫金牛白轮蚧和金龟子危害。

【主要用途】

植株株形小巧，叶片青翠，是良好的观叶植物，可用于盆栽、庭院点缀或园林景观配置。

57 长毛紫金牛

Ardisia verbascifolia Mez, Pflanzenr. IV. 236(Heft 9):153. 1902.

【自然分布】

海南、云南。越南。生于海拔350–1200m的常绿阔叶林下、溪边或沟边潮湿地、山谷、林缘。

【迁地栽培形态特征】

矮小灌木，高约20cm。

茎 幼嫩部分密被长柔毛，老茎被稀疏长柔毛。

叶 坚纸质，广椭圆形或广椭圆状卵形，长10–15cm，宽4.5–6cm，顶端广急尖，基部钝至圆形，边缘具圆波状齿，齿间具边缘腺点，两面密被长柔毛和腺点，毛尤以背面中脉居多，侧脉达边缘腺点，不连成边缘脉；叶柄长1–3.5cm，密被长柔毛。

花 聚伞花序，腋生，稀侧生，花枝长3.5–6cm，密被长柔毛；花梗长1–1.2cm，密被长柔毛；花长约1cm，花萼仅基部连合，萼片长7–8mm，长圆状披针形至舌形，顶端渐尖，外面密被长柔毛和腺点，里面被微柔毛；花瓣淡粉色，花时反折，卵形，顶端渐尖，两面无毛，具腺点；雄蕊略短于花瓣，花药披针形，顶端急尖，背面具腺点；雌蕊与花瓣等长，子房球形，无毛。

果 球形，红色，直径约7mm，具腺点，无毛。

植株

1. 茎；2. 叶面；3. 叶背；4. 花序；5–6. 花特写

【引种信息】

华南植物园 海南吊罗山（登录号 20152007）引种苗。生长快，长势好。

【物　　候】

华南植物园 3 月上旬叶芽开放；3 月中旬至 5 月上旬展叶；5 月中旬现花序、6 月中旬始花、6 月下旬至 7 月上旬盛花、7 月中旬开花末期；7 月中旬幼果初现、12 月下旬果实成熟、翌年 2 月上旬果实脱落。

幼果

【迁地栽培要点】

喜阴，忌强光直射，不耐水涝。夏季高温高湿时期注意通风，浇水不可过多，保持土壤微湿即可。除了剪除枯枝或病枝外尽量少修剪，能自然生长成矮小紧凑株形。采用播种、扦插繁殖。未见病虫危害。

【主要用途】

植株矮小紧凑，叶片密被长柔毛，花果靓丽，是优良的观叶植物，可室内盆栽观赏、林下地被、园林景观点缀。

58 雪下红（别名：珊瑚树、毛茎紫金牛）

Ardisia villosa Roxb., Fl. Ind. 2: 274. 1824.

【自然分布】

云南、广西、海南、广东、台湾。马来西亚。生于海拔20-1500m的常绿阔叶林下的山谷、石缝间、坡边、路旁以及海岸边。

【迁地栽培形态特征】

小灌木，高30cm-1m，稀1.5m。

茎 具匍匐根茎，幼枝密被锈色卷曲长柔毛。

叶 坚纸质，椭圆状披针形或倒卵形，长7-10cm，宽3-4cm，顶端渐尖，基部楔形，边缘具波状细圆齿，齿间具腺点，叶面仅中脉微微被毛，背面密被短柔毛，具腺点，侧脉7-16对，不成边缘脉；叶柄长1-1.2cm，被短柔毛。

花 伞形花序或聚伞花序，被长柔毛，着生于侧生特殊花枝顶端，花枝长2.5-5cm，被长柔毛；花梗长约1.2cm，被长柔毛；花长9mm，花萼仅基部连合，萼片长圆形，顶端钝，长4-6mm，被长柔毛；花瓣粉红色或白色，广卵形，顶端急尖，具密腺点；雄蕊略短于花瓣，花药披针形，顶端急尖，背面密被腺点；雌蕊与花瓣等长，子房球形，具腺点。

果 球形，鲜红色，直径8-10mm，被毛，腺点不明显。

【引种信息】

版纳植物园 自云南麻栗坡（引种号00，2001，2972）、云南勐腊补蚌（引种号00，1997，0540）引种苗。生长快，长势好。

华南植物园 自广西凭祥（登录号20011298）、广东信宜（登录号20031315）、广西钦州

植株

茎

1. 花特写；2. 叶面；3. 叶背；4. 果；5. 花；6. 果；7. 果

（登录号 2005053）引种苗。生长快，长势好。

桂林植物园　自广西东兴（无引种号）、广西防城（引种号 msz-218）引种苗，华南植物园引种种子（无引种号）。生长快，长势好。

【物　候】

版纳植物园　6 月上旬叶芽开放；6 月下旬开始展叶、7 月上旬展叶盛期；5 月上旬现花序、5 月下旬始花、6 月上旬盛花、7 月中旬开花末期；7 月中旬幼果初现、10 月下旬果实成熟、翌年 4 月下旬果实脱落。

华南植物园　5 月中旬现花序、6 月中旬始花、6 月下旬至 7 月下旬盛花、8 月上旬开花末期；8 月上旬幼果初现、12 月中旬果实成熟、翌年 4 月下旬果实脱落。

桂林植物园　3 月中旬开始展叶；5 月中旬现花序、7 月上旬始花、7 月下旬盛花、8 月上旬开花末期；8 月上旬幼果初现、12 月上旬果实成熟、翌年 4 月下旬果实脱落。

【迁地栽培要点】

喜阴，能耐一定光照，炎热夏季需遮阴。对土壤要求不严，栽于树荫下、坡地或泥坎上。盆栽常用疏松的菜园土栽植，盆土要利水，放置阴凉处即可。采用播种、压条繁殖，成苗率极高。华南植物园和桂林植物园未见病虫害，版纳植物园偶有斜纹夜蛾危害。

【主要用途】

1. 全株可入药，具有活血散淤、消肿止痛功效。用于治疗风湿骨痛、咳嗽吐血、寒气腹痛、跌打损伤等症。

2. 株形矮小，叶片翠绿厚实，果实红艳，根茎匍匐性强，是优良的园林地被植物，适合地被绿化或盆栽观赏。

59 越南紫金牛

Ardisia waitakii C.M. Hu, Bot. J. South China 1: 2. 1992.

【自然分布】

广西、广东、贵州。越南。生于海拔 500-800m 的山间密林下、溪边、阴湿处。

【迁地栽培形态特征】

灌木，高 1.2m。

茎 无毛，小枝、叶片、花序均被锈色鳞片。

叶 坚纸质，长圆状披针形或椭圆形，长 9-15cm，宽 2.54cm，顶端渐尖或急尖，基部楔形，全缘，两面无毛，背面被疏鳞片，以中脉居多，侧脉多数，与中脉几呈直角，连成近边缘的边缘脉；叶柄长 0.5-2cm，具锈色鳞片。

植株

花 聚伞花序，生于侧生花枝顶端，长 3-4cm；花梗长 0.7-1cm，花长 5-6mm，花萼仅基部连合，萼片宽卵形，基部微重叠，具腺点；花瓣白色至淡黄色，宽卵形，顶端急尖，具腺点；雄蕊略短于花瓣，花药卵形，顶端细尖，背面具腺点；雌蕊与花瓣等长，子房球形，无毛，具腺点。

果 球形，目前仅见幼果。

【引种信息】

华南植物园 自广东信宜引种苗（登录号 20050079）。生长慢，长势中等，坐果率低。

武汉植物园 自贵州榕江引种苗（引种号 120090、120109）。生长较快，长势中等。

【物　　候】

华南植物园 3 月下旬叶芽开放；4 月上旬开始展叶、4 月中旬展叶盛期；4 月上旬现花序、5 月上旬始花、5 月中旬盛花、5 月下旬开花末期；5 月下旬幼果出现后不久脱落。

武汉植物园 4 月上旬叶芽开放；4 月中旬开始展叶、5 月下旬展叶盛期；4 月中

1. 叶面；2. 叶背；3. 花枝；4. 花序；5-6. 花特写

旬现花序、6 月上旬始花、6 月中旬盛花、6 月下旬开花末期；7 月上旬幼果初现，暂未见果实成熟。

【迁地栽培要点】

喜阴，不耐干旱和暴晒。适合种植在有浓荫的林下，土壤要求腐殖质含量高和质地疏松。春季防水渍，夏、秋少雨时期要水分充足。植株生长缓慢，除了摘心促分枝外少修剪。植株结果量少，果实未成熟即脱落，采用扦插繁殖，生根率约 70%。未见病虫危害。

【主要用途】

植株枝叶茂盛，耐阴性强，可在林下、立交桥下等荫蔽环境作绿化树种。

酸藤子属

Embelia Burm. f., Fl. Indica. 62. pl. 23. 1768.

常绿攀缘灌木或藤本。叶互生，排成2列或近轮生，全缘或具齿。花序为总状花序、圆锥花序、伞形花序或聚伞花序，顶生、腋生或侧生；有苞片，无小苞片；花两性或单性，4-5基数，雌雄同株或异株；花萼基部连合；花瓣分离或基部连合，覆瓦状或双盖覆瓦状排列，内面及边缘有腺点；雄花：雌蕊退化，雄蕊贴生于花瓣基部并与其对生，花丝分离，花药纵裂；雌花：雄蕊退化，子房极小，球形或卵球形，上位，胚珠4枚，花柱伸出，柱头点尖、头状、盘状或浅裂。果为核果，球形，外果皮光滑，稍带肉质，有纵肋或腺点，内果皮坚脆或骨质，有种子1枚，种子近球形。

约140种，主要分布于非洲、亚洲东南部、澳大利亚和太平洋诸岛。我国有14种，主产于东南至西南各省。

酸藤子属分种检索表

1. 花 5 基数。
   2. 叶全缘。
      3. 叶互生；花排成圆锥花序，长 10cm 以上。
         4. 叶背和嫩枝无白粉，叶片披针形或倒卵状披针形 ………………… **60. 多花酸藤子 *E. floribunda***
         4. 叶背和嫩枝被白粉，叶片长圆状椭圆形，非披针形 ………………… **64. 白花酸藤果 *E. ribes***
      3. 叶 2 列；花排成亚伞形花序，长 0.5–1cm ………………… **63. 当归藤 *E. parviflora***
   2. 叶具齿。
      5. 叶片宽，椭圆形或长椭圆形，萼片三角形 ………………… **65. 瘤皮孔酸藤子 *E. scandens***
      5. 叶片狭长，狭长圆形或长圆状披针形，萼片卵形 ………………… **62. 多脉酸藤子 *E. oblongifolia***
1. 花 4 基数。
   6. 叶片椭圆形或长圆状椭圆形，长 4–12cm，宽 1.5–2cm ………………… **67. 平叶酸藤子 *E. undulate***
   6. 叶片倒卵形或倒卵状椭圆形。
      7. 叶片大，革质，宽 5–8cm；花序长 3–5cm ………………… **66. 大叶酸藤子 *E. subcoriacea***
      7. 叶片小，坚纸质，宽 1–2cm；花序长 3–8mm ………………… **61. 酸藤子 *E. laeta***

60 多花酸藤子

Embelia floribunda Wall. in Roxb., Fl. Ind. 2: 291-292. 1824.

【自然分布】

西藏、云南。缅甸、印度、尼泊尔、不丹。生于海拔1500–2000m的阔叶林下、林缘灌丛中。

【迁地栽培形态特征】

常绿木质藤本，披散。

茎 枝条细长下垂，长达5m以上，茎上着叶多，老枝具皮孔，幼枝光滑，无毛。

叶 坚纸质，披针形或长圆状披针形，长10–20cm，宽2–4cm，顶端长渐尖，基部圆形，全缘，中脉明显，侧脉多数，不明显，两面无毛，叶背边缘具密腺点；叶柄长3–5cm，具狭翅。嫩叶中脉白色，边缘全缘或具疏锯齿。

花 圆锥花序，腋生，长7–13cm，几无毛；花梗与花等长；小苞片钻形；花5数，长约3mm，花萼基部连合，萼片长约0.5mm，卵状三角形，顶端急尖；花瓣白色，披针形，边缘和花瓣里面密被乳头状突起；雄蕊在雄花中超出花瓣，基部与花瓣合生，花药卵形，背部具腺点；雌花未详。

果 栽培植株未见结果。

植株

1. 茎叶；2. 叶面；3. 叶背；4. 花序；5. 幼苗

【引种信息】

昆明植物园 2005年从云南镇沅县九甲乡引种种子（引种号25-C-1）。生长快，长势好。

【物　　候】

昆明植物园 6月中旬叶芽开放；6月下旬开始展叶、7月上旬展叶盛期；花期11月至翌年1月。

【迁地栽培要点】

喜半阴，能耐一定光照，不耐寒，不耐旱。昆明植物园室外栽种的植株冬季易受冻害，应搭架盖塑料薄膜防寒。植株攀爬性强，可搭藤架人工牵引其生长，注意修剪枝条，避免杂乱生长。全年施肥1-2次，适时中耕除草。迁地栽培条件下未见结果，可采用扦插和压条繁殖。未见病虫危害。

【主要用途】

植株茎细长，着叶多，攀爬性及发枝力强，耐修剪，适合做绿篱，或墙面、栅栏、阳台上做藤本绿化。

61 酸藤子（别名：酸果藤、甜酸叶、信筒子）

Embelia laeta (L.) Mez in Engl., Pflanzenr. IV. 236 (Heft 9): 326. 1902.

【自然分布】

云南、广西、海南、广东、江西、福建、台湾。老挝、越南、柬埔寨、泰国。生于海拔100–2000m的混交林下、林缘、开阔的草坡、灌木丛中。

【迁地栽培形态特征】

攀缘灌木或藤本。

茎 分枝多，老枝无毛，具皮孔，幼枝光滑，被细微柔毛。

叶 坚纸质，倒卵形，长2–4cm，宽1–2cm，顶端微凹，基部楔形，全缘，两面无毛，中脉于叶背隆起，侧脉不明显；叶柄长2–4mm，被微柔毛。

花 亚伞形花序，长3–8mm，腋生或侧生，被细微柔毛，基部具苞片；花梗与花近等长，被微柔毛；小苞片钻形；花4数，长约2mm，花萼基部连合，萼片极短，三角形，顶端急尖，具腺点，无毛；花瓣淡黄色至白色，长圆形，顶端圆形，外面无毛，里面密被乳头状突起，具腺点；雄蕊在雄花中超出花瓣，基部与花瓣合生，花丝挺直，花药卵形；雌花未详。

果 球形，直径5–7mm，腺点不明显。

【引种信息】

华南植物园 园内原有。自广东四会引种苗（登录号20061066）。生长缓慢，长势中等。

【物　　候】

华南植物园 11月上旬叶芽开放；12月上旬开始展叶；12月上旬现花序、2月上旬始花、2月中旬盛花、3月上旬开花末期；3月上旬幼果初现、5月下旬果实成熟、7月上旬果实脱落。

【迁地栽培要点】

喜阴，能耐一定光照。适合种植在有

植株

1. 叶；2. 叶；3. 茎；4. 花；5. 果

浓荫的林下，土壤要求不易板结、腐殖质含量高和质地疏松。植株攀爬性强，需搭立支架人工牵引其生长，并注意修剪枯枝。夏季高温时期注意给足水分。迁地栽培条件下未见结果，可采用扦插和压条繁殖。未见病虫危害。

【主要用途】

1. 根、枝叶、果可入药。根、枝叶具有清热解毒、散瘀止痛、消炎止泻功效，用于咽喉红肿、齿龈出血、痛经闭经等症；叶煎水作外洗药；果皮和果肉含有较高的花色素，对人体无毒，具有一定的营养价值。

2. 植株具有一定的攀爬性和匍匐性，叶繁果红，可作垂直绿化，也可修剪矮化植株作为荫蔽处地被。

62 多脉酸藤子（别名：马桂花、粗糠果、矩叶酸藤果）

Embelia oblongifolia Hemsl., J. Linn. Soc. Bot. 26(173): 62. 1889.

【自然分布】

云南、贵州、广西、广东。越南。生于海拔300–1900m的常绿阔叶林下山坡、山谷、溪边、河边。

【迁地栽培形态特征】

攀缘灌木或藤本，披散。

茎 分枝多，小枝褐色，被微柔毛。

叶 坚纸质，长圆状卵形或椭圆状披针形，长5–7cm，宽1.8–2.5cm，顶端渐尖，基部微心形或圆形，边缘具锯齿，稀全缘，两面无毛，中脉于叶面下凹，背面隆起，侧脉多数，与中脉几垂直，连成不明显的边缘脉；叶柄长3–5mm。

花 总状花序，腋生，长1–2.5cm，被锈色微柔毛；花梗长3–4mm，与总轴几垂直；小苞片钻形，外面被毛，里面无毛；花5数，长约3mm，花萼基部连合，萼片长约1mm，宽卵形，顶端急尖；花瓣淡绿色，长圆形或椭圆形，顶端圆形，外面无毛，里面密被乳头状突起；雄蕊在雄花中着生于花瓣的2/5处，伸出花瓣，花丝挺直，花药长圆形；雌花未见。

果 球形，目前仅见一次幼果，幼果具腺点。

【引种信息】

华南植物园 自广东郁南（登录号20051671）、广东从化大岭山（登录号20053248）、广东鼎湖山（登录号为20010500）引种苗。生长快，长势中等。

植株

1. 叶面；2. 叶背；3. 嫩茎叶；4. 花；5. 幼果

【物　　候】

华南植物园　11 月下旬叶芽开放；12 月上旬展叶；12 月中旬现花序、2 月中旬始花、2 月下旬至 3 月中旬盛花、3 月下旬开花末期；4 月上旬幼果初现、8 月上旬果未成熟，之后不久脱落。

【迁地栽培要点】

喜阴，能耐一定光照。生长健壮，移栽容易成活。植株攀爬性强，需搭藤架人工牵引其生长，并注意修剪枝条，避免杂乱生长。夏季高温时期注意给足水分。全年施肥 1-2 次，适时中耕除草。迁地栽培条件下仅见一次幼果，可采用扦插和压条繁殖。未见病虫危害。

【主要用途】

1. 果可入药，具有祛风、止泻功效，可用于治疗滴虫病，驱涤虫、蛔虫。
2. 植株攀爬性强，花繁密，姿态优美，适合作庭院护栏绿化，或修剪造型为观赏灌木。

63 当归藤（别名：筛箕蕴、大力王、他枯）

Embelia parviflora Wall. ex A. DC. Trans. Linn. Soc. London 17(1): 130. 1834.

【自然分布】

西藏、云南、贵州、广西、海南、广东、福建、浙江。越南、印度、泰国、缅甸、马来西亚、印度尼西亚。生于海拔300-1800m的常绿阔叶林下、山间、林缘、灌丛等土质肥润地。

【迁地栽培形态特征】

攀缘灌木或藤本。

茎 长2-10m，老枝无毛，具皮孔，小枝2列，密被锈色长柔毛。

叶 2列，互生，坚纸质，卵形，长1-2cm，宽0.7-1.1cm，顶端急尖具小尖头或钝，基部广钝或近圆形，全缘，叶面仅中脉被毛，背面密被锈色长柔毛，具腺点，侧脉不明显；叶柄长约1mm，被锈色长柔毛。

花 亚伞形花序，密被锈色长柔毛，腋生，长6-11mm；花梗长2-4mm；小苞片披针形，长约1mm；花长约3mm，花萼仅基部连合，萼片长约1mm，卵形，顶端急尖，两面无毛；花瓣淡绿色至白色，长圆状椭圆形或长圆形，顶端微凹，外面无毛，里面密被微柔毛；雄蕊在雄花中与花瓣等长或超出，花药卵形，背部具腺点；雌花未见。

果 栽培植株尚未结果。

【引种信息】

版纳植物园 自云南勐腊引种苗（引种号00，1997，0547）。生长中等，长势中等。

华南植物园 广东连山（登录号20010871）、广东南昆山（登录号20011101）、广西桂林宛田（登录号20030913）、海南（登录号20050930）引种苗。生长中等，长势一般。

【物　候】

版纳植物园 6月中旬叶芽开放；6月下旬开始展叶、7月上旬展叶盛期。栽培多年未见花果。

植株

1. 叶面；2. 叶背；3. 花；4. 果实

华南植物园 11 月上旬叶芽开放；11 月中旬开始展叶；12 月上旬现花序、2 月上旬始花、2 月中旬盛花、3 月上旬开花末期。栽培多年只见开花一次，未见结果。

【迁地栽培要点】

喜阴，不耐光照，忌暴晒，不耐旱。适合在有浓荫林下种植，土壤要求不易板结、腐殖质含量高和质地疏松。植株攀爬性强，需搭立支架人工牵引其生长。夏季高温时期注意给足水分。全年施肥 1-2 次，适时中耕除草，修剪枯枝。迁地栽培条件下未结实，可采用扦插和压条繁殖。未见病虫危害。

【主要用途】

1. 当归藤的药效类似于当归，根及老藤均可入药，具有活血散淤、补肾强腰功效，用于治疗月经不调、萎黄病、腰腿酸痛等症。此藤能治不孕症，民间流传有“懂得筛箕蕴，不愁不生养”之说。

2. 植株攀爬性强，叶片小巧，排列整齐，适合作庭院围栏绿化或修剪盆栽观赏。

64 白花酸藤果（别名：牛尾藤、牛脾蕊、枪子果）

Embelia ribes Burm. f., Fl. Indica 62. pl. 23. 1768.

【自然分布】

西藏、云南、贵州、广西、海南、广东、福建。老挝、越南、泰国、缅甸、柬埔寨、菲律宾、马来西亚、印度、印度尼西亚、新几内亚、斯里兰卡。生于海拔 50-2000m 的山谷疏林下、林缘灌木丛中。

【迁地栽培形态特征】

攀缘灌木或藤本，长达 10m 以上。

茎 幼枝光滑无毛，被白色薄粉，老枝粗壮，直径可达 3-4cm，具明显皮孔及皱纹。

叶 坚纸质，长圆状椭圆形，长 6-12cm，宽 1.5-3cm，顶端渐尖，基部楔形或圆形，全缘，两面无毛，背面有时被薄粉，中脉于叶背隆起，侧脉不明显；叶柄长 4-6mm，具狭翅。嫩叶中脉绿色，边缘全缘或具疏锯齿。

花 圆锥花序，密被微柔毛，生于花枝顶端，花枝与主轴垂直，长 9-28cm，花时花枝散生叶，果时花枝叶片脱落；花梗长约 2mm；小苞片钻形，长约 1mm；花 5 数，长 5-6mm，花萼仅基部连合，萼片长约 1mm，三角形，顶端急尖，外面被毛，具腺点；花瓣淡绿色至白色，椭圆形，顶端急尖或钝，外面被疏微柔毛，边缘和里面被密乳头状突起，具疏腺点；雄蕊在雄花中着

植株

1. 叶面；2. 叶背；3. 嫩茎；4. 老茎；5-6. 花序；7. 花特写

生于花瓣中部，与花瓣近等长，花药卵形，背部具腺点；未见雌花。

果 球形，暗红色或紫黑色，直径 5-6mm，无毛，具腺点。

果枝

果特写

【引种信息】

华南植物园 园区内有自生苗。自广西桂北地区引种苗（登录号 xx370001）。生长快，长势好。

【物　　候】

华南植物园 12 月上旬现花序、翌年 2 月上旬始花、2 月中旬盛花、3 月上旬开花末期；4 月上旬幼果初现、6 月下旬果实成熟、8 月上旬果实脱落。

【迁地栽培要点】

喜通风良好的半阴环境。生性强健，不择土质，移栽容易成活。植株攀爬性强，需搭藤架人工牵引其生长，并注意修剪枝条，避免杂乱生长。夏季高温时期注意给足水分。生长期未追施肥料长势也很好。自播能力强，播种发芽率达 95% 以上。未见病虫危害。

【主要用途】

1. 根、叶可入药，具有活血调经、消肿解毒、清热利湿功效，用于治疗腹泻、闭经、刀枪伤、蛇咬伤等症；叶煎水可作外科洗药；果提取物对老鼠有避孕和抗生育的作用。

2. 植株攀爬性及发枝力强，可攀爬在墙面、栅栏、阳台上绿化，也可修剪造型作垂吊型盆栽。

65 瘤皮孔酸藤子（别名：假刺藤）

Embelia scandens (Lour.) Mez in Engl., Pflanzenr. IV. 236 (Heft 9): 317. 1902.

【自然分布】

云南、广西、海南、广东。老挝、越南、泰国、柬埔寨。生于海拔200–1300m的疏、密林下，山坡，山谷或灌丛中。

【迁地栽培形态特征】

攀缘灌木或藤本。

茎 嫩枝光滑，无毛，老枝粗壮，直径可达3–4cm，具瘤或皮孔。

叶 坚纸质至革质，椭圆形或长椭圆形，长5–11cm，宽3–5cm，顶端渐尖，基部广楔形或近圆形，全缘或叶片上半部具不明显重锯齿，两面无毛，中、侧脉于叶面下凹，背面隆起，侧脉7–10对，连成边缘脉；叶柄长0.7–1cm。

植株

花 总状花序，腋生，长2–4cm，被柔毛；花梗长2–3mm，被柔毛；小苞片钻形，长约1mm，里外均被柔毛；花5数，长2–3mm，花萼基部连合，萼片长约1mm，三角形，顶端急尖，外面被细微柔毛；花瓣淡绿色，长圆状卵形，顶端钝，外面无毛，里面近基部密被微柔毛或乳头状突起，具腺点；雄蕊在雄花着生于花瓣基部，伸出花瓣，花药宽卵形，背部具腺点；雌花未见。

果 球形，红色，直径3–6mm，具腺点，无毛。

【引种信息】

版纳植物园 自广西南宁武鸣县引种苗（引种号00，2002，1997）。生长良好，长势差。

华南植物园 自广东连州（登录号20020528）、广西夏石树木园（登录号20050597）引种苗。生长中等，长势差。

【物　　候】

版纳植物园 2月中旬叶芽开放；3月上旬开始展叶、4月上旬盛叶。未见开花结果。

1. 花特写；2. 花序；3. 叶；4. 叶；5. 幼果；6. 果

华南植物园 11 月中旬现花序、12 月中旬始花、12 月下旬至翌年 1 月上旬盛花、翌年 1 月中旬开花末期；2 月初幼果初现、4 月中旬果实成熟、5 月上旬果实脱落。

【迁地栽培要点】

喜阴，忌暴晒，不耐旱。适合种植在有浓荫的林下，土壤要求不易板结、腐殖质含量高和质地疏松。植株攀爬性强，需搭立支架人工牵引其生长。夏季高温时期注意给足水分。全年施肥 1-2 次，适时中耕除草，修剪枯枝。采用播种、扦插和压条繁殖。未见病虫危害。

【主要用途】

1. 根、叶可入药，可舒经活络、敛肺止咳。
2. 植株攀爬性强，可攀爬在墙面、栅栏、阳台上绿化，也可修剪造型盆栽观赏。

66 大叶酸藤子（别名：阿林稀、近革叶酸藤果）

Embelia subcoriacea (C.B. Clarke) Mez in Engl., Pflanzenr. IV. 236 (Heft 9):329.1902.

【自然分布】

贵州、云南、广西。老挝、越南、泰国、柬埔寨、印度。生于海拔1400-2300m的疏、密林下，山坡，山谷或灌丛中。

【迁地栽培形态特征】

攀缘灌木。

茎 无毛，具瘤或皮孔。

叶 革质，倒卵形或倒卵状椭圆形，长10-17cm，宽5-8cm，顶端急尖或突然渐尖，基部楔形，全缘，两面无毛，具腺点，腺点常呈碎发状，中脉于叶面微凹，背面隆起，侧脉不明显；叶柄长1.9-2.1cm。

花 栽培植株尚未开花。

果 栽培植株尚未结果。

【引种信息】

版纳植物园 自广西龙州县金龙引种苗（引种号00，2004，0270）。生长良好，长势中等。

【物　候】

版纳植物园 2月上旬叶芽开放；5月中旬开始展叶、6月上旬盛叶、11月停长。未见开花

植株

1. 叶面；2. 叶面；3. 叶面；4. 叶背；5. 植株

结果。

【迁地栽培要点】

喜阴，忌暴晒。适合种植在有浓荫的林下。对土壤要求不严，适应性强。植株攀爬性强，需搭立支架人工牵引其生长。夏季高温时期注意给足水分。生长期间追施复合肥或农家肥，浓度宜低不宜高，并进行中耕除草等常规管理。迁地栽培条件下不结实，采用扦插繁殖，成活率约80%。未发现病虫害。

【主要用途】

1. 果可食，味酸甜，具有驱虫作用，主治蛔虫病。
2. 叶片碧绿肥厚，适合攀附藤架造型观赏。

67 平叶酸藤子

Embelia undulata (Wall.) Mez in Engl., Pflanzenr. IV. 236 (Heft 9): 327. 1902.

【自然分布】

四川、云南、贵州、广西、海南、广东、湖南、江西、福建。越南、老挝、柬埔寨、泰国、印度、尼泊尔。生于海拔 1200–2500m 的常绿阔叶林下、山谷、山坡、灌丛等潮湿地。

【迁地栽培形态特征】

攀缘灌木。

茎 无毛，具皮孔。

叶 坚纸质，椭圆形或长圆状椭圆形，长 4–12cm，宽 1.5–2cm，顶端急尖或渐尖，基部楔形，全缘，两面无毛，中脉于叶背隆起，侧脉平整，不明显，不连成边缘脉；叶柄长 1–2cm。

花 栽培植株尚未开花。

果 球形，红色，幼果腺点明显，成熟后不明显。(野外果)

【引种信息】

版纳植物园 云南省普洱县勐先狮子崖引种苗（引种号 00,2008,0113）。生长缓慢，长势良好。

华南植物园 自广东始兴车八岭（登录号 20100444）、湖南桑植（登录号 20111222）引种苗。生长缓慢，长势中等。

【物 候】

版纳植物园 2 月中旬叶芽开放；2 月下旬至 6 月展叶。未见开花结果。

植株

1. 叶面；2. 叶背；3. 幼果；4. 果

华南植物园 2 月下旬叶芽开放；3-5 月展叶。未见开花结果。

【迁地栽培要点】

喜阴，忌暴晒，不耐旱。适合种植在有浓荫的林下，土壤要求不易板结、腐殖质含量高和质地疏松。植株攀爬性强，需搭立支架人工牵引其生长。夏季高温时期注意给足水分。全年施肥 1-2 次，适时中耕除草，修剪枯枝。迁地栽培条件下不结实，可采用扦插和压条繁殖。未见病虫危害。

【主要用途】

1. 全株可入药，有利尿、消肿、散瘀、止痛功效，用于产后腹痛、肾炎水肿等症。果有驱虫作用。

2. 四季常绿，适合作庭院护栏绿化，或修剪造型观赏。

杜茎山属

Maesa Forssk., Fl. Aegypt. -Arab. 66. 1775.

常绿直立或披散灌木。叶互生，常具脉状腺条纹或腺点，全缘或具锯齿，齿间无腺点。花序为总状花序或圆锥花序，腋生；苞片小；小苞片呈1对紧贴于花萼基部或着生于花梗上；花5数，两性或杂性；花萼漏斗状，萼管与子房合生，萼裂片镊合状排列，常具脉状腺条纹或腺点，宿存；花冠白色或淡黄色，钟形或管状钟形，花冠管为全长的1/2–4/5，常具脉状腺条纹，裂片通常卵状圆形，较花冠管短或等长；雄蕊不伸出，贴生于花冠管上，花丝短，分离，下部花药2室，纵列；子房（在雌花中退化）下位或半下位，1室，有多数胚珠，着生于球形特立中央胎座上，花柱与雄蕊近等长，柱头不裂或3–5浅裂。果为浆果，球形，果皮干或肉质，有橙色或褐色的脉状腺条纹或纵行肋纹，顶端具宿存的花萼裂片及花柱，种子细小，多数，有棱角。

约200种，主要分布于东半球热带和亚热带地区。我国有29种，主产于长江流域以南各省。

杜茎山属分种检索表

1. 花冠裂片与花冠管等长或略长。
  2. 小枝无毛。
    3. 叶片全缘，若具齿，齿极疏且不明显。
      4. 圆锥花序腋生或近顶生，花萼与花冠无脉状腺条纹 ………………… **82. 秤杆树 *M. ramentacea***
      4. 总状花序腋生，花萼与花冠具脉状腺条纹 ……………………… **73. 湖北杜茎山 *M. hupehensis***
    3. 叶片边缘具各式齿。
      5. 植株幼嫩部分被鳞片 …………………………………………………… **70. 密腺杜茎山 *M. chisia***
      5. 植株幼嫩部分无鳞片。
        6. 叶片椭圆状卵形、长圆状披针形或菱状椭圆形，长为宽的 1 倍以上。
          7. 叶片两面无毛；花序无毛 ………………………………………………… **74. 包疮叶 *M. indica***
          7. 叶片背面脉上通常有毛；花序被疏硬毛 ……………………………… **79. 金珠柳 *M. montana***
        6. 叶片长圆形、广椭圆形或广椭圆状卵形，长为宽不到 1 倍。
          8. 叶片无脉状腺条纹；花序长且分枝多。
            9. 果小，直径约 3mm，具明显脉状腺条 ……………………… **72. 拟杜茎山 *M. consanguinea***
            9. 果大，直径约 5mm，具纵行肋纹，脉状腺条纹不明显 …… **68. 顶花杜茎山 *M. balansae***
          8. 叶片具明显的脉状腺条纹；花序短且分枝少。
            10. 叶阔卵形，下部宽，基部近圆形 ……………………… **78. 腺叶杜茎山 *M. membranacea***
            10. 叶阔椭圆形，中部最宽，基部截形或微心形 ………………… **71. 紊纹杜茎山 *M. confusa***
  2. 小枝被毛。
    11. 小枝被微柔毛；花序多少被微柔毛 ……………………………… **69. 短序杜茎山 *M. brevipaniculata***
    11. 小枝密被长硬毛或短柔毛；花序被长硬毛或短柔毛。
      12. 叶两面密被糙伏毛；果被毛 ……………………………………………… **75. 毛穗杜茎山 *M. insignis***
      12. 叶面除脉外近无毛，背面被短柔毛；果无毛 ……………………………… **80. 鲫鱼胆 *M. perlarius***
1. 花冠裂片长为花冠管的 1/3 或更短。
  13. 叶片长为宽的 2 倍以上，宽 7cm 以下。
    14. 叶片革质。
      15. 叶片披针形、椭圆形、椭圆状披针形、倒卵形、长圆状倒卵形，叶面中、侧脉平整，背面中、侧脉微隆起 ……………………………………………………………………… **76. 杜茎山 *M. japonica***
      15. 叶片狭长披针形，叶面中、侧脉深凹成深痕，其余部分隆起，背面中、侧脉隆起，其余部分下凹 ……………………………………………………………………… **84. 柳叶杜茎山 *M. salicifolia***
    14. 叶片纸质或坚纸质，披针形，背面具明显的碎发状腺条纹 …… **77. 薄叶杜茎山 *M. macilentoides***
  13. 叶片长不到宽的 1 倍，宽 7cm 以上。
    16. 叶片革质，网脉明显，隆起；小枝、叶片两面及花萼均无毛 …… **83. 网脉杜茎山 *M. reticulata***
    16. 叶片坚纸质，网脉不明显；小枝、叶片背面及花序均密被锈色硬毛 …… **81. 毛杜茎山 *M. permollis***

68 顶花杜茎山

Maesa balansae Mez in Engl., Pflanzenr. IV.236 (Heft 9.): 41. 1902.

【自然分布】

海南、广西。越南。生于低海拔的坡地、疏林下、林缘、溪边或海边空旷的灌木丛中。

【迁地栽培形态特征】

灌木，高 1.5–2m。

茎 无毛，分枝多，小枝圆柱形，具细条纹，老枝具皮孔。

叶 坚纸质，广椭圆形、椭圆状卵形，长 8–17cm，宽 5–13cm，顶端渐尖或近尾状渐尖，基部广楔形或钝，叶缘具疏细齿，近全缘或具短锐齿，齿间具腺点，两面无毛，无脉状腺条纹，叶面中、侧脉平整，背面隆起，侧脉 4–8 对，常分枝，尾端直达齿间，不连成边缘脉；叶柄长 1.5–3cm，无毛。

花 圆锥花序，长 5–18cm，顶生或腋生，无毛；苞片披针形，长约 1mm，无毛；花梗长 1–2mm，无毛；小苞片卵形，长约 1mm，紧贴花萼基部，无毛；花长 2–3mm，萼片宽卵形，长约 1mm，顶端钝或急尖，与萼管几等长，无毛，具脉状腺条纹；花冠白色，钟形，长约 2mm，具脉状腺条纹，裂片与花冠管等长，宽卵形，顶端圆；雄蕊着生于花冠管喉部，花丝略长于花

植株

1. 花蕾；2. 花序；3. 茎；4. 叶面；5. 叶背

药，花药卵形；雌蕊略短于雄蕊，子房球形。

果 球形，橙黄色，直径约5mm，无毛，具纵行肋纹，脉状腺条纹不明显。

【引种信息】

版纳植物园 自广西那坡引种苗（引种号00，2002，2248）。生长快，长势好。

华南植物园 自海南引种苗（登录号20113081）。生长快，长势好。

【物　　候】

版纳植物园　2 月下旬叶芽开放；3 月上旬开始展叶、3 月下旬展叶盛期；5 月中旬现花序、11 月中旬始花、12 月上旬盛花、翌年 2 月中旬开花末期；12 月上旬幼果初现、翌年 5 月上旬果实脱落。

华南植物园　3 月中旬叶芽开放；3 月下旬开始展叶、4 月上旬展叶盛期；11 月中旬现花序、翌年 1 月中旬始花、2 月上旬盛花、2 月下旬开花末期；3 月下旬幼果初现、12 月上旬果实成熟、翌年 1 月中旬果实脱落。

【迁地栽培要点】

喜阴，耐寒，稍耐干旱，能耐一定光照，适合种植于通风良好，有荫蔽环境的林下或林缘。对土壤要求不严，但以砂质壤土为宜。植株发枝力强，注意修剪避免枝叶杂乱拥挤，立秋后地面截干，翌年萌蘖，长势更旺。夏季高温时期注意给足水分。采用播种、扦插和压条繁殖。生性强健，未见病虫危害。

【主要用途】

1. 现代医学研究表明顶花杜茎山含有三萜皂苷类化合物对利什曼原虫（黑热病）具有很强的抑制作用。

2. 植株高大开展，花色洁白，繁密似雪，枝叶茂盛，可丛植于公园、绿地作景观植物或作绿篱。

1-2. 花；3. 花特写；4. 果

69 短序杜茎山

Maesa brevipaniculata (C.Y. Wu & C. Chen) Pipoly & C. Chen, Novon 5(4): 357. 1995.

【自然分布】

云南、贵州、广西。生于海拔1300–1800m的常绿阔叶林下潮湿地、山坡、沟边。

【迁地栽培形态特征】

攀缘状灌木，高1m。

茎 纤细，分枝多，披散，小枝被微柔毛，老枝具皮孔。

叶 坚纸质，披针形、卵形或卵状披针形，长6–13cm，宽2–6cm，顶端尾状渐尖或渐尖，基部楔形，边缘具锯齿，齿间具腺点，叶面无毛，叶背被微柔毛，中、侧脉于叶面下凹，背面隆起，侧脉7–9对，尾部分叉，直达齿间；叶柄长1–3.5cm，被微柔毛。

花 圆锥花序，长0.5–1cm，腋生，被微柔毛；苞片披针形，长约1mm，被微柔毛；花梗长1–2mm，小苞片卵形，紧贴花萼基部，两者均被微柔毛；花长约3mm，萼片宽卵形，顶端急尖，与萼管等长，具脉状腺条纹；花冠白色，钟形，长约2mm，裂片宽卵形，与花冠管等长，具脉状腺条纹；雄蕊着生于花冠中部，花丝极短，花药肾形；雌蕊略短于雄蕊，柱头微裂，子房球形。

果 球形，白色，直径3–5mm，无毛，具脉状腺条纹。

【引种信息】

华南植物园 自广西桂林龙胜县引种苗（登录号20103029）。生长快，长势好。

武汉植物园 自广西那坡德孚引种苗（引种号059069）。生长快，长势好。

植株

1. 茎叶；2. 叶面；3. 叶背；4. 花特写；5. 幼果；6. 果

【物　　候】

华南植物园　12 月中旬现花序、3 月中旬始花、3 月下旬盛花、4 月上旬开花末期；4 月中旬幼果初现，10 月中旬果实成熟，11 月下旬果实脱落。

武汉植物园　11 月中旬现花序、翌年 4 月上旬始花、4 月中旬盛花、4 月下旬开花末期；9 月下旬果实成熟、11 月中旬果实脱落。

【迁地栽培要点】

喜阴，耐寒，稍耐干旱，能耐一定光照，但在全光照下叶色容易发黄，适合种植于通风良好、有荫蔽环境的林下或林缘。对土壤要求不严，但以砂质壤土为宜。植株发枝力强，注意修剪避免枝叶杂乱拥挤。夏季高温时期注意给足水分。采用播种、扦插和压条繁殖。生性强健，未见病虫危害。

【主要用途】

植株叶色碧绿，叶脉深凹，枝条自然披散下垂，可修剪成垂吊型植物盆栽观赏或片植于荫蔽处作地被。

70 密腺杜茎山

Maesa chisia Buch.-Ham. ex D. Don, Prodr. Fl. Nepal. 148. 1825.

【自然分布】

西藏、云南。不丹、印度、缅甸、尼泊尔。生于海拔 600–2200m 的山坡疏林中。

【迁地栽培形态特征】

灌木，高 3–4m。

茎 直立，自基部分枝，小枝幼时被锈色鳞片。

叶 坚纸质，椭圆状披针形或披针形，顶端长渐尖，基部楔形，长 9.7–11cm，宽 3–6cm，边缘具锯齿，两面无毛，中、侧脉明显，隆起，以背面尤甚，侧脉 11–13 对，尾端分枝，直达齿尖，密生细脉状腺条纹；叶柄长 0.8–1.2cm。

花 圆锥花序，有时近基部具 1–2 分枝，腋生。

果 球形，直径约 3mm，黄褐色，无毛，具脉状腺条纹（野外果）。

【引种信息】

版纳植物园 自西藏墨脱引种种子（引种号 00，2003，1791）。生长中等，长势一般。

植株

花序

1. 叶面；2. 叶背；3. 果

【物　　候】

版纳植物园　2 月上旬叶芽开放；2 月中旬开始展叶、2 月下旬展叶盛期；2 月上旬现花序，花蕾未开即脱落。

【迁地栽培要点】

栽植于通风及排水良好的山坡疏林中，酸或中性土壤为佳。全年施肥 1-2 次，并进行中耕除草等常规管理。未发现病虫害。

【主要用途】

植株枝叶茂密披散，发枝力强，耐修剪，适合种植于角隅、墙边作绿化。

71 紊纹杜茎山

Maesa confusa (C.M. Hu) Pipoly & C. Chen, Novon 5(4): 357. 1995.

【自然分布】

海南、云南。生于海拔 700–1200m 的疏、密林下，溪边或林缘。

【迁地栽培形态特征】

灌木，高 1.5–2m。

茎 无毛，分枝多，密被皮孔。

叶 坚纸质，广椭圆形或广椭圆状卵形，长 8–17cm，宽 5–11cm，顶端急尖，基部截形或微心形，叶缘具微波状齿，齿间具腺点，两面无毛，具脉状腺条纹，叶面中、侧脉平整，背面隆起，侧脉 5–9 对，常分枝，尾端直达齿间，不连成边缘脉；叶柄长 1.5–3cm，无毛。

花 圆锥花序，有时呈总状花序，长 4–13cm，腋生，无毛；苞片披针形，长约 1.5mm，无毛；花梗长 1.5–2mm，无毛；小苞片披针形，紧贴花萼基部，无毛；花长 2–3mm，萼片宽卵形，长约 1mm，顶端急尖，与萼管几等长，无毛，具脉状腺条纹；花冠白色，钟形，长 2–3mm，具黄色腺条纹，裂片与花冠管等长，宽卵形，顶端圆形；雄蕊 5，着生于花冠管喉部，

植株

1. 叶面；2. 叶背；3. 果特写；4. 花特写；5. 花序；6. 果

花丝极短，花药卵形；雌蕊略短于雄蕊，柱头4裂，子房球形。

果 球形，黄色，直径3mm，无毛，具脉状腺条纹。

【引种信息】

版纳植物园 自云南红河引种苗（引种号00，2001，4011）。生长快，长势好。

华南植物园 自海南引种苗（登录号20030601）。生长快，长势中等，坐果率低。

【物　　候】

版纳植物园 2月上旬叶芽开放；3月上旬开始展叶、3月下旬展叶盛期；2月上旬现花序、2月下旬始花、3月上旬盛花、3月下旬花末期；3月下旬幼果初现、12月上旬果实成熟、翌年1月中旬果实脱落。

华南植物园 11月中旬现花序、翌年1月中旬始花、2月上旬盛花、2月下旬开花末期；3月中旬幼果初现、11月下旬果实成熟、翌年1月果实脱落。

【迁地栽培要点】

喜阴，耐寒，稍耐干旱，能耐一定光照，但在全光照下叶色容易发黄，适合种植于通风良好，有荫蔽环境的林下或林缘。对土壤要求不严，但以砂质壤土为宜。植株发枝力强，注意修剪避免枝叶杂乱拥挤，立秋后地面截干，翌年萌蘖，长势更旺。夏季高温时期注意给足水分。采用播种、扦插和压条繁殖。生性强健，未见病虫危害。

【主要用途】

植株叶片宽大，色泽浓绿富有光泽，枝多叶密，耐修剪，易造型，可丛植于公园、绿地作景观植物或片植作绿篱。

72 拟杜茎山

Maesa consanguinea Merr., Philipp. J. Sci. 23(3): 258. 1923.

【自然分布】

海南、广西。生于海拔 500–1300m 的混交疏林下、坡地、溪边或灌丛中。

【迁地栽培形态特征】

攀缘状灌木，高 1.5–2m。

茎 较纤细，分枝多，具皮孔，无毛。

叶 坚纸质，长圆形至长圆状卵形，长 9–18cm，宽 7–13cm，顶端渐尖，基部近圆形，叶缘具微波状齿，齿尖具腺点，两面无毛，叶面脉平整，背面隆起，侧脉 7–9 对，尾部分枝，直达齿尖；叶柄长 2–4cm，无毛。

植株

花 圆锥花序，长 5–15cm，顶生或腋生，无毛；苞片披针形，长约 1mm，无毛；花梗长 2.5mm，无毛；小苞片卵形，紧贴花萼基部，无毛；花长 2–3mm，萼片宽卵形，长约 1mm，顶端钝或急尖，与萼管几等长，无毛，具脉状腺条纹；花冠白色，钟形，长约 2mm，具脉状腺条纹，裂片与花冠管等长，宽卵形，顶端圆；雄蕊着生于花冠管喉部，花丝略长于花药，花药卵形；雌蕊略短于雄蕊，子房球形。

果 球形，黄褐色，直径约 3mm，无毛，具脉状腺条纹。

【引种信息】

华南植物园 自广西凭祥大青山林场引种苗（登录号 20000513）。生长快，长势中等。

【物　候】

华南植物园 11 月上旬现花序、12 月中旬始花、12 月下旬至翌年 1 月上旬盛花、1 月中旬开花末期；3 月中旬幼果初现、8 月中旬果实成熟、9 月上旬果实脱落。

1. 叶面；2. 叶背；3. 花序；4. 果序

【迁地栽培要点】

喜阴，耐寒，稍耐旱。对土壤要求较严，要求不易板结、腐殖质含量高和质地疏松的土壤种植。植株发枝力较弱，生长速度中等，日常注意肥水管理。除剪除枯枝、残花枝、衰老枝外，尽量少修剪任其生长。采用播种、扦插、压条繁殖。未见病虫危害。

【主要用途】

植株叶片宽大，叶色浓绿富有光泽，花多繁密，可丛植于公园、绿地作景观植物或片植作绿篱。

73 湖北杜茎山

Maesa hupehensis Rehder in Sargent, Pl. Wilson. 2(3): 583. 1916.

【自然分布】

四川、贵州、湖北、湖南。生于海拔500–1700m山间林下或林缘灌丛中。

【迁地栽培形态特征】

灌木，高1.5m。

茎 披散，小枝纤细，无毛。

叶 坚纸质，披针形或长圆状披针形，顶端渐尖，基部圆形或钝，或广楔形，长10–16cm，宽2–3.5(–4.5)cm，具疏离的浅齿牙，两面无毛，背面中、侧脉明显，隆起，侧脉8–10对，弯曲上升，不成边缘脉，细脉不明显，具明显或不明显的脉状腺条纹；叶柄长5–10mm，无毛。

花 总状花序，腋生，无毛；花长3–4mm，萼片广卵形，顶端急尖，较萼管长，具脉状腺条纹，无毛；花冠白色，钟形，长3–4mm，具脉状腺条纹；雄蕊短，内藏，花丝细，与花药等长；雌蕊不超过花冠，子房与花柱等长，柱头微4裂。

植株

果 球形或卵圆形，白色或黄白色，直径4–5mm，无毛，具脉状腺条纹。

【引种信息】

峨眉山生物站 自四川峨眉山（引种号06-0213-EM）、四川省医药学校（引种号08-0539-EM）引种苗。生长快，长势好。

【物　候】

峨眉山生物站 4月中旬现花序、5月上旬始花、5月中旬至6月中旬盛花、7月开花末期；6月下旬至7月上旬幼果初现、11月下旬至12月上旬果实成熟、翌年3月上旬落果期。

【迁地栽培要点】

喜阴湿环境，耐寒，稍耐干旱，能耐一定光照。适合种植于通风良好、有荫蔽环境的林下或林缘。对土壤要求不严，但以砂质壤土为宜。植株发

1. 叶背；2. 叶面；3. 花序；4. 花特写；5. 果特写；6. 果

枝力强，注意修剪避免枝叶杂乱拥挤。夏季高温时期注意给足水分。采用播种、扦插和压条繁殖。生性强健，未见病虫危害。

【主要用途】

1. 根可入药，具有祛风寒、消肿之功效。

2. 植株枝条纤细，分枝多，披散下垂，叶片浓绿，发枝力强耐修剪，适合种植于假山、角隅、墙边作绿化。

74 包疮叶（别名：大白饭果）

Maesa indica (Roxb.) A. DC., Trans. Linn. Soc., London 17(1): 134:1834.

【自然分布】

云南。印度、越南。生于海拔500–2000m的常绿阔叶林下、山坡、林缘或沟边。

【迁地栽培形态特征】

攀缘状灌木，高1–1.5m。

茎 分枝多，无毛无鳞片，密被突起皮孔，嫩枝具沟槽，以后渐无。

叶 坚纸质，广卵形或长圆状卵形，长8–18cm，宽4–7cm，顶端渐尖或尾状渐尖，基部广楔形或近圆形，边缘具波状齿，两面无毛，叶面中脉微凹，侧脉微隆起，背面中、侧脉微隆起，侧脉10–12对，尾端直达齿尖，不连成边缘脉；叶柄长1–3.5cm，无毛。

花 总状花序或具2–4个分枝的圆锥花序，腋生，长1–5cm，无毛；苞片披针形，长约1mm，无毛；花梗长2–4mm，无毛；小苞片卵形，长约1mm，紧贴花萼基部；花长约4mm，萼片卵形，长约1mm，比萼管略长，无腺点；花冠白色，钟形，长约2mm，脉状腺条纹不明显，裂片宽卵形，顶端圆形，与花冠等长或略长；雄蕊5，着生于花冠管中部，内藏，花丝比花药略长，花药圆形；雌蕊略短于雄蕊，柱头微裂，子房球形。

植株

果 卵圆形或近球形，淡黄色，直径约3mm，无毛，具纵行肋纹。

【引种信息】

版纳植物园 自云南勐腊县勐仑55km电站坝头引种苗（引种号C10063）。生长较快，长势良好。

华南植物园 自云南西双版纳引种苗（登录号20111780）。生长较快，长势良好。

【物 候】

版纳植物园 1月上旬叶芽开放；1月中旬开始展叶、2月上旬展叶盛期、4月下旬停长落叶；11月上旬现花序、翌年1月上旬始花、1月中旬盛花、2月上旬开花末期；果期3月至翌年1月，9月

1. 花特写；2. 叶面；3. 花序；4. 叶背；5. 果

上旬果实成熟。

华南植物园 1 月下旬叶芽开放；2 月上旬开始展叶、2 月下旬展叶盛期；2 月上旬现花序、3 月上旬始花、3 月中旬盛花、4 月上旬开花末期；4 月上旬幼果初现、11 月上旬果实成熟、翌年 1 月果实脱落。

【迁地栽培要点】

喜阴，耐寒，稍耐干旱，能耐一定光照。适合种植于通风良好、有荫蔽环境的林下或林缘。对土壤要求不严，但以砂质壤土为宜。植株发枝力强，注意修剪避免枝叶杂乱拥挤。夏季高温时期注意给足水分。采用播种、扦插和压条繁殖，播种发芽率在 85% 以上，扦插繁殖率 70% 以上。生性强健，未见病虫危害。

【主要用途】

1. 全株可入药，具有清热解毒、利湿、降压功效，用于治疗肝炎、麻疹、高血压等症。叶捣碎可敷疮。

2. 植株四季常绿，枝叶茂密披散，发枝力强，耐修剪，是优良的绿篱树种。

75 毛穗杜茎山

Maesa insignis Chun, Sunyatsenia 2(1): 81-83. 1934.

【自然分布】

贵州、湖南、广西、广东。生于山坡、丘陵地疏林下。

【迁地栽培形态特征】

灌木，高 1m。

茎 枝条密被长硬毛，尤以小枝居多，具皮孔，髓部空心。

叶 坚纸质，椭圆形或椭圆状卵形，长 6-11cm，宽 1.5-3.5cm，顶端渐尖或尾状渐尖，基部钝或圆形，边缘具三角状锯齿，两面被糙伏毛，叶面中、侧脉微凹，背面中、侧脉隆起，密被长硬毛，侧脉 8-10 对，尾端分叉直达齿尖，细脉互相平行；叶柄长约 0.5mm，密被长硬毛。

花 总状花序或圆锥花序，腋生，长 3-7cm，总梗、苞片、花梗、花萼及小苞片均密被长硬毛；苞片披针形，长 1-2mm，花梗长 1-2mm，小苞片披针形，生于花梗上，不紧贴花萼基部；花长 4mm，萼片卵形，长约 2mm，具脉状腺条纹；花冠白色，钟形，裂片宽卵形，具黄色脉状腺条纹，长为花冠管长的 1/2；雄蕊着生于花冠管中部，花药宽卵形；雌蕊略短于雄蕊，柱头 4 裂，子房球形。

果枝

果 球形，黄色，直径约 6mm，被长硬毛，具脉状腺条纹。

【引种信息】

华南植物园 自湖南永顺引种苗（登录号 20140523）。生长快，长势好。

【物　候】

华南植物园 2 月上旬现花序、3 月上旬始花、3 月中旬至 4 月上旬盛花、4 月中旬开花末期；4 月下旬幼果初现、9 月中旬果实成熟、11 月上旬果实脱落。

【迁地栽培要点】

喜阴，耐寒，稍耐干旱，能耐一定光照。适合种植于通风良好、有荫蔽环境的林下或林缘。对土壤要求不严，但

1. 叶面；2. 花特写；3. 果；4. 花枝；5. 叶背；6. 果

以砂质壤土为宜。植株发枝力强，注意修剪避免枝叶杂乱拥挤。夏季高温时期注意给足水分。采用播种、扦插和压条繁殖。生性强健，未见病虫危害。

【主要用途】

植株密被长毛，枝叶茂密披散，发枝力强，耐修剪，是优良的绿篱树种。

76 杜茎山（别名：白茅茶、白花茶）

Maesa japonica (Thunb.) Moritzi & Zoll., Syst. Verz. 3: 61. 1855.

【自然分布】

云南、四川、贵州、广西、广东、湖南、湖北、江西、安徽、浙江、福建、台湾。日本、越南。生于300-2000m的常绿阔叶林下、石灰山杂木林下、山坡、路旁灌木丛中。

【迁地栽培形态特征】

灌木，高1-2.5m。

茎 圆柱形，直立，稀疏开展，无毛，嫩枝具细条纹，老枝具皮孔。

叶 革质，叶形多样，有披针形、椭圆形、椭圆状披针形、倒卵形、长圆状倒卵形，长5-15cm，宽2-4cm，顶端有渐尖、尾状渐尖、短尖、钝，基部阔楔形或钝，叶缘中部以上具疏锯齿，两面无毛，叶面中、侧脉平整，叶背面中、侧脉微隆起，侧脉每边5-8条；叶柄长5-15mm。

果枝

花 总状花序，长1-3cm，腋生，单生或2-4个聚生，无毛；苞片卵形，长约1mm；花梗长2-3mm，小苞片肾形，长约1mm，紧贴花萼基部；花长约7mm，萼片宽卵形，顶端圆形，长约1mm，与萼管等长；花冠白色，长钟形，管长约4mm，裂片长约1mm，肾形，顶端圆形，具脉状腺条纹；雄蕊着生于花冠管中部，花丝花药极细，等长，花药卵形；雌蕊略短于雄蕊，柱头分裂，子房球形。

果 球形，红褐色，直径4-6mm，无毛，具脉状腺条纹。

【引种信息】

华南植物园 自湖南新宁（登录号20000158）、广东乳源（登录号20012069）、广东封开（登录号20031822）引种苗。生长快，长势好。

武汉植物园 自湖南绥宁引种苗

1. 叶面；2. 叶面；3. 叶背；4. 花序；5. 幼果；6. 果

（引种号 090801）。生长快，长势良好。

【物　　候】

华南植物园　3 月上旬叶芽开放；3 月中旬开始展叶、3 月下旬展叶盛期；11 月下旬现花序、翌年 2 月中旬始花、2 月下旬至 3 月中旬盛花、3 月下旬开花末期；3 月下旬幼果初现、9 月下旬果实成熟、12 月上旬果实脱落。

武汉植物园　3 月下旬叶芽开放；4 月上旬开始展叶、4 月中旬展叶盛期；11 月下旬现花序、翌年 3 月中旬始花、3 月下旬开花盛期、4 月上旬开花末期；4 月中旬幼果初现、9 月果实成熟、果实成熟后陆续有果脱落，直到翌年 2 月果实脱落完。

【迁地栽培要点】

喜阴，耐寒，稍耐干旱。生性强健，栽培极易成活，生长期不施肥也能生长很好。植株发枝力强，注意修剪避免枝叶杂乱拥挤。采用播种、扦插、压条繁殖。未见病虫危害。

【主要用途】

1. 全株可入药，具有祛风寒、解疫毒、消肿的功效，用于治疗感冒头痛、水肿、腰痛等症；根与白糖煎服可治皮肤风毒；茎、叶外敷治跌打损伤；果可充饥，微甜；嫩叶可作茶叶代用品。

2. 植株四季常绿，枝叶茂盛，发枝力强，耐修剪，是优良的绿篱、园林绿化树种。

77 薄叶杜茎山

Maesa macilentoides C. Chen in C.Y. Wu, Fl. Yunnan. 1: 817-818. 1977.

【自然分布】

云南。生于海拔 800–1300m 的疏、密林下，山间，坡地灌丛中。

【迁地栽培形态特征】

灌木，高 1–1.5m。

茎 分枝多，无毛，小枝光滑，老枝具皮孔。

叶 纸质或坚纸质，椭圆状披针形，长 7–16cm，宽 1.5–3cm，顶端渐尖或尾状渐尖，基部楔形或圆形，边缘具疏浅锯齿，两面无毛，中、侧脉两面微隆起，嫩叶背面具明显的碎发状腺条纹，侧脉 5–6 对，尾端直达齿尖，不连成边缘脉；叶柄长 1–2cm，无毛。

植株

花 总状花序或小圆锥花序，腋生，长 0.7–2.5cm，无毛；苞片钻形，长约 1mm，顶端急尖；花梗长 1–3mm，小苞片三角状卵形，紧贴萼片基部；花长 5–6mm，萼片宽卵形，顶端圆形，长约 1mm，与萼管几等长；花冠白色，长钟形，长约 4mm，裂片宽卵形，顶端圆形，长为花管长的 1/3；小苞片、萼片、花冠均具脉状腺条纹；雄蕊 5，着生于花冠管中部，花丝略长于花药，花药卵形；雌蕊短于雄蕊，花柱极短，长约 1mm，柱头 2–3 裂，子房球形。

果 球形，米黄色，直径 3–5mm，无毛，具脉状腺条纹。

【引种信息】

华南植物园 自云南文山引种苗（登录号 20060197）。生长中等，长势良好。

【物　　候】

华南植物园 3 月上旬叶芽开放；3 月中旬开始展叶、3 月下旬展叶盛期；3

1. 叶面；2. 叶背；3. 花特写；4. 花序；5. 果

月上旬叶芽开放；3 月中旬开始展叶、3 月下旬展叶盛期；11 月下旬现花序、2 月中旬始花、2 月下旬至 3 月中旬盛花、3 月下旬开花末期；3 月下旬幼果初现、9 月底果实成熟、12 月下旬果实脱落。

【迁地栽培要点】

喜阴，耐寒，稍耐旱。植株发枝力较弱，生长速度中等，日常注意肥水管理，全年施肥 2-3 次，除剪除枯枝、残花枝、衰老枝外尽量少修剪任其生长。植株容易倒伏，需插木签固定。对土壤要求不严，但以砂质壤土为宜。采用播种、扦插、压条繁殖。未见病虫危害。

【主要用途】

植株四季常绿，果实繁密，适宜作为庭院绿化树种。

78 腺叶杜茎山（别名：疏花杜茎山、细梗杜茎山）

Maesa membranacea A. DC. Ann. Sci. Nat., Bot., ser. 2, 16: 80. 1841.

【自然分布】

云南、广西、海南。越南、柬埔寨。生于海拔200–1500m的混交林下、山坡、林缘、沟边或近海边开阔地。

【迁地栽培形态特征】

攀缘灌木，高1.8–4m。

茎 无毛，分枝多，外倾，小枝具条纹，圆柱形，髓部常空心，皮孔小而显著。

叶 坚纸质，广卵形、广椭圆形至圆形，长6–21cm，宽8–15cm，顶端急尖，基部广楔形或广钝，稀圆形，两面无毛，边缘具波状小齿，齿尖具腺点，中脉、侧脉明显，于叶面下凹，叶背隆起，脉间具脉状腺条纹，无边缘脉；叶柄长2.5–4cm。

花 圆锥花序，腋生，长4–11.5cm，分枝多，无毛；苞片披针形；花梗长3–7mm，无毛；小苞片卵形，紧贴萼基部；花长约1.5mm，萼片广卵形，顶端钝，具缘毛，具脉状腺条纹；花冠白色，短钟状，长约1.5mm，裂片广卵形，顶端圆形，边缘细波状，具脉状腺条纹；雄蕊在雌花中退化，在雄花中着生于花冠管上部，花丝极短，花药近半圆形或肾形，无腺点；雌蕊不超出花

植株

1. 叶面；2. 花背面特写；3. 花正面特写；4. 果；5. 叶背；6. 花序；7. 幼果

冠，具短而粗的花柱，柱头微 4 裂。

果 球形，白色，直径 6-9mm，无毛，具细脉状腺条纹。

【引种信息】

版纳植物园 自云南西双版纳大渡岗引种苗（引种号 00，2007，0016）。生长快，长势好。

【物　候】

版纳植物园 1 月上旬叶芽开放；1 月下旬展叶、2 月上旬盛叶；1 月上旬现花序、1 月下旬始花、2 月下旬盛花、3 月下旬花末；3 月下旬幼果初现、12 月上旬果实成熟、翌年 2 月下旬果实落末。

【迁地栽培要点】

栽种于半阴林下，对土壤要求不严，适应性强。植株发枝力强，注意修剪避免枝叶杂乱拥挤。未见病虫危害。

【主要用途】

植株枝叶茂盛，耐修剪，适合作绿篱。

79 金珠柳（别名：野兰、山地杜茎山）

Maesa montana A. DC., Prodr. 8: 79. 1844.

【自然分布】

西藏、四川、云南、贵州、广西、江西、广东、海南、台湾。印度、缅甸、泰国。生于海拔400–2800m的杂木林或疏林下。

【迁地栽培形态特征】

攀缘状灌木，高2–2.5m。

茎 分枝多，披散，具皮孔，嫩枝几无毛。

叶 坚纸质，椭圆形或长圆状卵形，长6–13cm，宽3–7cm，顶端尾状渐尖，基部阔楔形或钝，边缘具疏波状粗锯齿，齿间具腺点，叶面无毛，背面有时被疏柔毛，以脉上居多，侧脉尾端直达齿尖；叶柄长1–1.5cm，无毛。

花 总状花序或具2–4个分枝的圆锥花序，长2.5–5cm，腋生，花序被疏硬毛；苞片披针形，长约1mm；花梗长约3mm，小苞片披针形，长约1mm，紧贴花萼基部；花长约2.5mm，萼片卵形，与萼管等长；花冠白色，钟形，裂片卵形，与花冠管等长；雄蕊着生于花冠管中部，内藏，花丝略长于花药，花药圆形或肾形；雌蕊略短于雄蕊，柱头微裂或半裂。

果 球形，米白色，直径2–3mm，无毛，具脉状腺条纹。

【引种信息】

版纳植物园 自云南勐海勐松引种苗（引种号00，2003，0918）。生长良好。

植株

1. 叶面；2. 叶背；3. 花特写；4. 叶面；5. 果特写；6. 植株

华南植物园 自泰国依诺克热带植物园（登录号 20020599）、仙湖植物园（登录号 20051566）引种苗。生长快，长势好。

武汉植物园 自江西井冈山（引种号 094285）、贵州枝江（引种号 120135）引入。生长快，长势好。

【物　　候】

版纳植物园 1 月上旬叶芽开放；1 月中旬开始展叶、2 月上旬展叶盛期；1 月上旬现花序、1 月下旬始花、2 月中旬盛花；2 月中旬幼果初现、11 月上旬果实成熟、翌年 2 月上旬果实脱落。

华南植物园 3 月中旬叶芽开放；3 月下旬开始展叶、4 月上旬展叶盛期；11 月下旬现花序、2 月上旬始花、2 月下旬至 3 月上旬盛花、3 月中旬开花末期。花后不结果。

武汉植物园 4 月中旬叶芽开放；4 月下旬开始展叶、5 月上旬展叶盛期；3 月中旬始花、3 月下旬盛花、4 月中旬开花末期。花后不结果。

【迁地栽培要点】

生性强健，栽培容易成活。喜阴，能耐一定光照，适合种植于通风良好、有荫蔽环境的林下或林缘。植株发枝力强，注意修剪避免枝叶杂乱拥挤。采用播种、扦插和压条繁殖。未见病虫危害。

【主要用途】

1. 根、叶可入药，具有清湿热、消炎的功效，用于治疗痢疾、泄泻；叶可代茶，可作蓝色染料。

2. 植株四季常绿，枝叶茂密披散，发枝力强，耐修剪，可丛植于公园、绿地作景观植物或片植作绿篱。

80 鲫鱼胆（别名：冷饭果、空心花）

Maesa perlarius (Lour.) Merr. Trans. Amer. Philos. Soc., n. ser. 24: 298. 1935.

【自然分布】

四川、云南、贵州、广西、海南、广东、台湾。越南、泰国。生于海拔 200–1400m 稀疏的阔叶林下、山坡、灌丛湿润地。

【迁地栽培形态特征】

攀缘状灌木，高 1.5–2.5m。

茎 多分枝，披散，密被短柔毛。

叶 纸质，广椭圆状卵形，长 7–12cm，宽 4–5.5cm，顶端尾状渐尖，基部阔楔形，边缘具粗锯齿，幼时两面密被短柔毛，以后叶面除脉外近无毛，背面密被短柔毛，中脉隆起，侧脉每边 7–8 条，尾端直达齿尖；叶柄长 1–1.5cm，密被短柔毛。

花 总状花序或圆锥花序，长 1–2.5cm，腋生，具 2–4 个分枝，密被短柔毛；苞片披针形，长约 1mm；花梗长约 2mm，小苞片披针形，长约 1mm，紧贴花萼基部；花长约 2.5mm，萼片宽卵形，与萼管几等长，具脉状腺条纹；花冠白色，钟形，具脉状腺条纹，裂片宽卵形，与花冠管等长；雄蕊着生于花冠管上部，内藏，花丝略长于花药，花药肾形；雌蕊略短于雄蕊，柱头 4 裂。

果 球形，白色，直径 5–6mm，无毛，具脉状腺条纹。

【引种信息】

版纳植物园 自云南勐腊易武引种苗（引种号 00,2011,0145）。生长快，长势中等，花后不结果。

植株

1. 嫩茎；2. 叶面；3. 叶背；4. 花特写；5. 花；6. 果

华南植物园 自广州林业科学研究所（登录号 19640145）、广东梅州阴那山（登录号 19990407）、广东南昆山（登录号 20052970）、广州（登录号 20081706）引入。生长快，长势好。

【物　　候】

版纳植物园 1 月上旬叶芽开放；1 月中旬开始展叶、2 月上旬展叶盛期；1 月上旬现花序、2 月上旬始花、2 月下旬盛花、3 月中旬开花末期。

华南植物园 11月下旬现花序、2月上旬始花、2月中旬至 3月中旬盛花、3月下旬开花末期。5 月上旬幼果初现、10 月上旬果实成熟、11 月上旬果实脱落。

【迁地栽培要点】

生性强健，栽培容易成活。喜阴，能耐一定光照，适合种植于通风良好、有荫蔽环境的林下或林缘。植株发枝力强，注意修剪避免枝叶杂乱拥挤，立秋后地面截干，翌年萌蘖，长势更旺。采用播种、扦插和压条繁殖。未见病虫危害。

【主要用途】

1. 全株可入药，有消肿、生肌、止咳的功效，用于治疗疔疮、肺病、跌打刀伤。
2. 植株四季常绿，枝叶茂密披散，发枝力强，耐修剪，是优良的绿篱树种。

81 毛杜茎山

Maesa permollis Kurz, J. Asiat. Soc. Bengal. Pt. 2, Nat. Hist. 40: 66. 1871.

【自然分布】

云南。缅甸、泰国、老挝。生于海拔 500–1600m 的沟谷杂木林下、水旁、沟边等阴湿地。

【迁地栽培形态特征】

攀缘状灌木，高 1–2m。

茎 密被锈色硬毛，具纵纹，髓部空心。

叶 坚纸质，长椭圆形或长圆状倒卵形，长 13–30cm，宽 9–15cm，顶端尾状渐尖，基部广楔形或圆形，边缘具锯齿，叶面无毛，背面密被锈色硬毛，叶片网脉不明显，脉上无小泡状突起，平滑，中、侧脉隆起，侧脉 10–14 对，尾端分叉，直达齿尖；叶柄长 1.5–3cm，密被锈色硬毛。

花 球形圆锥花序，腋生或侧生，长 1–2cm，短于叶柄，密被锈色硬毛；苞片卵形，长 1–1.5mm，被硬毛；花梗长约 2mm，被硬毛，小苞片极小，卵形，紧贴花萼基部，被硬毛；花长 4–5mm，萼片卵形，顶端急尖，与萼管等长，密被硬毛；花冠白色，长钟形，长约 4mm，裂片宽卵形，顶端圆形，长为花管长的 1/3；雄蕊 5，着生于花冠管中部，花丝与花药等长，花药宽卵形；雌蕊略短于雄蕊，柱头微裂，子房球形。

果 球形，黄褐色，直径约 5mm，密被褐色长硬毛。

【引种信息】

华南植物园 自云南勐仑自然保护区引种苗（登录号 20042729）。生长中等，长势中等，坐果率低。

植株

茎

1. 叶面；2. 叶背；3. 花枝；4. 花特写；5. 果

【物　候】

华南植物园　11 月下旬现花序、翌年 3 月上旬始花、3 月中旬盛花、4 月上旬开花末期；4 月中旬幼果初现，12 月下旬果实成熟，翌年 2 月上旬果实脱落。

【迁地栽培要点】

喜阴，忌强光直射，不耐干旱。对土壤要求较严，栽培土质应疏松透气不板结、富含腐殖质的砂质壤土。夏季注意遮阴通风和水分管理。植株发枝力中等，除病枝枯枝外尽量少修剪。采用播种、扦插繁殖。未见病虫危害。

【主要用途】

植株叶片宽大，密被锈色柔毛，是优良的观叶植物，适合园林绿化点缀布置或盆栽观赏。

82 秤杆树（别名：冷饭果、鳞粃杜茎山）

Maesa ramentacea (Roxb.) A. DC., Prodr. 8: 77. 1844.

【自然分布】

云南、广西。印度、马来半岛、印度尼西亚至菲律宾均有。生于海拔 300–1650m 的疏林下、林缘、路旁、山坡、溪边等荫蔽处的灌木丛中。

【迁地栽培形态特征】

灌木，高 2.8–3.8m。

茎 无毛，分枝多，外倾或攀缘，具条纹及皮孔。

叶 坚纸质或近革质，卵状披针形或椭圆状披针形，长 12–16cm，宽 3.5–4cm，顶端尾状渐尖，基部广钝或圆形，全缘或具不明显的疏波状齿，两面无毛，中、侧脉于叶面下凹，背面隆起，侧脉 8–9 对，无边缘脉；叶柄长 0.8–1cm。

植株

花 圆锥花序，腋生或顶生，长 4.5–6.5cm，分枝多，无毛；苞片线形；花梗长 1.5–2mm，与总梗呈锐角，无毛；小苞片三角状卵形，具缘毛；花小，白色，长约 1.5mm，短钟形；花萼片卵形或广卵形，顶端钝或圆形，具缘毛，无毛，无腺点；花冠裂片与花冠管等长或略长，半圆形，无毛，无腺点，顶端圆形，具微波状齿；雄蕊在雌花中退化或几消失，在雄花中着生于花冠管上部，内藏，花丝细，长为花药的 1 倍，花药近半圆形或肾形，无腺点；雌蕊不超出花冠，具短而粗的花柱，柱头微 4 裂。

果 球形，淡黄色，直径约 2.5mm，无毛，具纵行肋纹。

【引种信息】

版纳植物园 自云南西双版纳大渡岗引种苗（引种号 00，2009，0229）。生长快，长势好。

【物　　候】

版纳植物园 1 月上旬叶芽开放；1 月下旬展叶、2 月上旬盛叶；1 月上旬现花序、1 月下旬始花、2 月下旬盛花、3 月下旬花末；3 月下旬幼果初现、12 月上旬果

1. 叶面；2. 叶背；3. 花序；4. 花特写；5. 果

实成熟、翌年 2 月下旬果实脱落。

【迁地栽培要点】

栽种于半阴林下，对土壤要求不严，适应性强。全年施肥 1-2 次，并进行中耕除草等常规管理。未见病虫危害。

【主要用途】

1. 根、叶、茎皮可入药，用于治疗风湿、跌打、骨折、牛皮癣等症。
2. 枝叶茂盛，耐修剪，适合作绿篱。

83 网脉杜茎山

Maesa reticulata C.Y. Wu, Fl. Yunnan.1: 330. 1977.

【自然分布】

云南。越南。生于海拔 240−400m 的沟谷林中。

【迁地栽培形态特征】

灌木，高 0.5m。

茎 无毛，具条纹，小枝具钝棱。

叶 革质，广倒卵形或椭圆形，长 13−30cm，宽 5−15cm，顶端急尖或渐尖，基部圆形或楔形，边缘具疏尖粗齿，呈微波状，两面无毛，中、侧、网脉明显，隆起，以背面为甚，侧脉 10−12 对，直达边缘连成不明显的边缘脉，细脉网状；叶柄长 1−2.5cm，无毛，具沟槽。

花 球形总状花序，短于叶柄，长约 1cm，腋生，无毛；苞片披针形，长约 1mm，无毛；花梗长约 2mm，无毛；小苞片披针形，紧贴花萼基部，无毛；花长约 4mm，萼片三角状卵形，与萼管等长，无毛；花冠长钟形，白色，裂片宽卵形，顶端圆形，长为花管长的 1/3；小苞片、萼片、花冠均具脉状腺条纹；雄蕊着生于花冠管中部，花丝与花药等长，花药卵形；雌蕊略短于雄蕊，柱头裂片不明显，子房球形。

果 栽培植株尚未结果。

【引种信息】

华南植物园 自云南文山引种苗（登录号 20130154）。生长缓慢，长势一般。

【物　　候】

华南植物园 2 月下旬现花序、4 月上旬始花、4 月中旬盛花、4 月下旬开花末期。花后不结果。

植株

花序

1. 花；2. 花特写；3. 植株；4. 叶背；5. 叶面

【迁地栽培要点】

喜阴，不耐旱。适合种植于通风良好、有荫蔽环境的林下。对土壤要求较严，栽培土质应疏松透气不板结、富含腐殖质的砂壤土。植株发枝力较弱，生长缓慢，尽量少修剪任其生长。日常注意肥水管理，全年施肥 2-3 次。夏季高温时期注意给足水分。迁地栽培条件下不结实，采用扦插繁殖。未见病虫危害。

【主要用途】

植株叶形宽大，叶脉凹凸有致，是优良的观叶植物，适合园林绿化点缀布置或盆栽观赏。

84 柳叶杜茎山

Maesa salicifolia Walker, J. Wash. Acad. Sci. 21(19): 480. 1931.

【自然分布】

广东。生于海拔100–600m的疏林下、林缘、路旁、山坡等荫蔽处的灌木丛中。

【迁地栽培形态特征】

直立灌木，高1–1.5m。

茎 无毛，圆柱形，具皮孔。

叶 革质，狭长披针形，长5–14cm，宽1–2cm，顶端渐尖，基部钝，全缘，边缘反卷，两面无毛，叶面中、侧脉深凹成深痕，其余部分隆起，背面中、侧脉隆起，其余部分下凹，侧脉5–6对，尾端直达齿尖；叶柄长4–7mm，具槽。

植株

花 总状花序，长0.5cm，无毛，腋生，单生或2–3个簇生；苞片卵形，顶端急尖，长约1mm；花梗长2–3mm，小苞片宽卵形，长约1mm，紧贴花萼基部；花长4mm，萼片宽卵形，顶端钝，长约1mm；花冠淡绿色，长钟形，管长约3mm，裂片宽卵形，顶端圆形，为管长的1/3或更短；苞片、小苞片、花萼、花冠均具脉状腺条纹；雄蕊5，着生于花冠管中部，花丝与花药等长，花药宽卵形；雌蕊略短于雄蕊，柱头4裂，子房球形。

果 球形，淡黄色，直径约3mm，具脉状腺条纹。(野外果)

【引种信息】

华南植物园 自广东连州大东山(登录号20010290)、广东鼎湖山(登录号20010451)引种苗。生长中等，长势良好。

【物　　候】

华南植物园 3月上旬至4月下旬展叶；11月中旬现花序、2月上旬始花、2月中旬盛花期、3月上旬

1. 叶面；2. 叶背；3. 幼果；4. 花序；5. 花特写；6. 果

开花末期。花后不结果。

【迁地栽培要点】

喜阴湿环境，耐寒，稍耐干旱，能耐一定光照，但在全光照下叶色容易发黄。适合种植于通风良好、有荫蔽环境的林下或林缘。对土壤要求不严，但以砂质壤土为宜。植株发枝力强，注意修剪避免枝叶杂乱拥挤。夏季高温时期注意给足水分。迁地栽培条件下不结实，采用扦插繁殖。未见病虫危害。

【主要用途】

植株高度适中，叶形奇特呈镰刀状，叶脉印成深痕，是优良的观叶植物，适合园林绿化点缀布置或盆栽观赏。

铁仔属

Myrsine L., Sp. Pl. 1：196. 1753.

矮小灌木或小乔木。叶互生，叶片边缘常具锯齿，稀全缘，无毛，叶柄下延至小枝上，使小枝呈棱角。花序为伞形花序或近头状花序，腋生、侧生或生于无叶的老枝叶痕上；有苞片；花两性或杂性，4-5 数；花萼近分离，萼片覆瓦状排列，有腺点，宿存；花瓣近分离或 1/2 以下合生，具缘毛及腺点；雄蕊贴生于花瓣基部并与其对生，花丝分离或基部连合，花药 2 室，纵裂；雌蕊无毛或几无毛，子房卵形或近椭圆形，花柱圆柱形，柱头点尖或扁平，流苏状或锐裂。果为核果，球形，外果皮带肉质，内果皮坚脆，有种子 1 枚，种子球形。

5-7 种，主要分布于非洲，马达加斯加、阿拉伯、阿富汗、印度至我国中部。我国有 4 种，主产于长江流域以南各省。

铁仔属分种检索表

1. 叶片小，长不及 3cm，顶端广钝或近圆形；小枝被短柔毛 ······························ **85. 铁仔 *M. africana***
1. 叶片大，长 3cm 以上，顶端长渐尖；小枝无毛 ······································ **86. 针齿铁仔 *M. semiserrata***

85 铁仔

Myrsine africana L., Sp. Pl. 1(1): 196. 1753.

【自然分布】

西藏、陕西、甘肃、四川、云南、贵州、广西、湖南、湖北、台湾。非洲、亚速尔群岛、印度、亚洲西南部。生于海拔1000–3600m的混交林下、开阔坡地、林缘、田野等向阳干燥地。

【迁地栽培形态特征】

灌木，高1m。

茎 嫩枝被锈色短柔毛。

叶 坚纸质或革质，椭圆状倒卵形，稀近圆形，长1–1.5cm，宽0.7–1cm，顶端广钝或近圆形，具短刺尖，基部楔形，边缘中部以上具锯齿，齿端具短刺尖，两面无毛，背面常具小腺点，侧脉、细脉不明显；叶柄短或几无，下延至小枝上。

花 近伞形花序，腋生或簇生，花基部具1圈苞片，苞片卵形，具缘毛和腺点；花梗极短，长约1mm，被腺点，被微柔毛；花4数，长约2mm，花瓣淡黄色，长圆状卵形，萼片宽卵形，长约0.5mm，两者均具缘毛及腺点；在雄花中，雄蕊比花瓣长，伸出花瓣约2/3，花药玫红色，长圆状卵形，雌蕊在雄花中退化；在雌花中，雄蕊微微伸出花冠，雌蕊长过雄蕊，花柱伸长，柱头流苏状。

果 球形，顶端突尖，粉红色变紫黑色，直径3mm，光亮，具腺点。

【引种信息】

华南植物园 自墨尔本植物园（登录号20114078）、湖北恩施（登录号20140416）引种苗。

植株

1. 雌花；2. 雄花；3. 叶片；4. 雌花；5. 雄花

生长中等，长势中等。

昆明植物园 引种信息不详。

峨眉山生物站 自四川峨眉山（引种号 06-0131-EM）、湖北恩施冬升植物开发有限责任公司（引种号 10-0741-HB）引种苗。生长快，长势好。

武汉植物园 自贵州佛顶山引种苗（引种号 051769）。生长快，长势好。

【物 候】

华南植物园 11 月上旬叶芽开放；11 月中旬开始展叶；1 月下旬现花序、2 月下旬始花、3 月上旬盛花、3 月中旬末花。花后未见结果。

昆明植物园 3-4 月花期，10-12 月果期。

峨眉山生物站 3 月上旬叶芽开放；3 月中旬开始展叶、4 月中旬盛叶。（未见花）6 月下旬至 7 月中旬幼果期、11 月中旬至 12 月上旬果熟期。

武汉植物园 3 月中旬叶芽开放；3 月下旬开始展叶、4 月中旬展叶盛期；3 月中下旬始花、4 月上旬开花末期；5 月下旬幼果初现、10 月中旬果实成熟、11 月中旬果实脱落。

【迁地栽培要点】

喜阳植物，宜选向阳疏林下的疏松肥沃的土壤进行栽培。全年施肥 1-2 次，并进行中耕除草等常规管理。在进行成年苗移栽时，若不能带有泥球，可将浓密的树枝进行适当的疏剪，成活率在 85% 以上。暂未发现病虫害。

【主要用途】

1. 全株可入药，具有收敛止血、清热利湿功效，可治疗咽喉痛、痢疾、风湿、刀伤等症；果实挥发油成分丰富。

2. 植株丛生性好，果实色彩鲜艳，适合庭院点缀、园林向阳处绿化、盆栽观赏或群植成绿篱。

1. 幼果；2. 果实；3. 果实

86 针齿铁仔（别名：齿叶铁仔）

Myrsine semiserrata Wall. In Roxb., Fl. Ind. 2: 293. 1824.

【自然分布】

西藏、四川、云南、贵州、广西、广东、湖南、湖北。越南、印度、缅甸、尼泊尔。生于海拔500–2700m的疏、密林下，林缘，山坡等向阳地。

【迁地栽培形态特征】

灌木，高约1m。

茎 小枝无毛，常具棱角，老枝具皮孔。

叶 坚纸质至革质，椭圆形至披针形，长4–7cm，宽1.5–3cm，顶端长渐尖，基部广楔形，边缘中部以上具刺状细锯齿，两面无毛，叶面中脉下凹，侧脉微隆起，背面中脉隆起，侧脉平整，连成不边缘脉，细脉网状，明显，具腺点；叶柄长2–5mm。

花 近伞形花序，腋生或簇生，花基部具1圈苞片，苞片卵形，具缘毛和腺点；花梗长约2mm，无毛；花4数，长约2mm，花萼基部连合成短管宽卵形，萼片卵形，具缘毛和腺点；花瓣淡黄色，裂片长圆形，两面无毛，具腺点；雄蕊在雌花中退化，在雄花中比花冠长，伸出花瓣约2/3，花丝极短，花药玫红色，长圆形；雌花未见。（野外花）

果 球形，直径约6mm，粉红色变紫黑色，具密腺点。（野外果）

植株

1．雄花；2．果；3．嫩叶；4．叶面；5．叶背

【引种信息】

华南植物园 自湖北恩施引种苗（登录号 20140422）。生长中等，长势良好

武汉植物园 自云南马关引种苗（引种号 058613）。生长中等，长势良好。

【物　　候】

华南植物园 11 月上旬叶芽开放；11 月中旬开始展叶。未见开花结果。

武汉植物园 2 月下旬叶芽开放；3 月中旬开始展叶、4 月上旬为展叶盛期。未见开花结果。

【迁地栽培要点】

喜阳植物，宜选向阳疏林下的肥沃、疏松的土壤进行栽培。未发现病虫害。

【主要用途】

1. 叶可提栲胶。果有驱绦虫作用。
2. 植株的新梢和嫩叶鲜红色，可片植于绿地中作色块植物，或群植成绿篱。

密花树属

***Rapanea* Aubl.**, Hist. Pl. Guiane 1：121. pl. 46. 1775.

乔木或灌木。叶互生，全缘，无毛，具腺点。花序为伞形花序，腋生，或数花簇生，或生于老枝叶痕上部；花两性或雌雄异株，4-5（-6）数；花萼基部稍连合，萼片覆瓦状或镊合状排列，边缘常具乳头状突起，近无毛，具腺点，宿存；花冠基部短管状，裂片卵形，边缘和里面通常具乳头状突起，多少具腺点；雄蕊与花瓣对生，着生于花冠管喉部或花瓣基部，花丝极短或几无，花药卵形或箭头形，与花瓣等大或略小于花瓣，2室，纵裂，顶端有或无毛；雌蕊在雄花中退化，在雌花中具卵形子房，花柱极短或几无，柱头伸长，圆柱形或中部以上扁平呈舌状，有时全部扁平。果为核果，球形，外果皮带肉质，内果皮坚脆，有种子1枚，种子球形。

约200种，主要分布于热带、亚热带或温带地区。我国有7种，主产于长江流域以南各省。

密花树属分种检索表

1. 叶片坚纸质，长通常不超过 10cm。
   2. 叶片倒卵形或倒披针形，长 3-7cm，顶端圆形或微凹 ………………………… **89. 打铁树 *R. linearis***
   2. 叶片椭圆形或椭圆状披针形，长 7-10（-11）cm，顶端急尖 ……………… **87. 平叶密花树 *R. faberi***
1. 叶片革质，长通常 7cm 以上。
   3. 叶片宽大，倒卵形，长 19-28cm，宽 6-7cm …………………………… **88. 广西密花树 *R. kwangsiensis***
   3. 叶片窄长，长圆形至倒披针形，长 7-17cm，宽 1.5-4cm ……………………… **90. 密花树 *R. neriifolia***

87 平叶密花树（别名：小黑果、尖叶密花树）

Rapanea faberi Mez, Pflanzenr. IV. 236(Heft 9): 358. 1902.

【自然分布】

四川、云南、贵州、广西、广东、海南。生于海拔500–1200m的常绿阔叶林下、疏林下、溪边等潮湿地。

【迁地栽培形态特征】

灌木，高1.5–2m。

茎 分枝多，具皮孔及腺点，小枝光滑无毛。

叶 坚纸质或近革质，椭圆形或椭圆状披针形，长7–10（–11）cm，宽1.5–3.5cm，顶端急尖，基部楔形，全缘，两面无毛，中脉于叶面平整，背面隆起，侧脉、细脉不明显，边缘具腺点；叶柄长0.5–1cm。

花 伞形花序，腋生，或数花簇生，或生于老枝叶痕上部；苞片卵形，无毛；花梗长约2mm，无毛；花长2–3mm，花萼仅基部连合，萼片长约1mm，卵形，顶端钝，无腺点；花瓣淡绿色，花时反卷，长圆状卵形，顶端钝，具腺点，外面无毛，里面具乳头状突起；雄蕊着生于花冠管喉部，无花丝，花药长圆状卵形，比花瓣略小；雌蕊与花瓣等长或略短，柱头伸长，顶端舌状，子房长圆状卵形，无毛。

果 栽培植株尚未结果。

【引种信息】

版纳植物园 从华南植物园引种（引种号00，2004，0036）。生长良好。

植株

1. 叶面；2. 花蕾；3. 叶背；4. 花特写；5. 花序

华南植物园 自深圳（登录号 20010371）、广东阳春（登录号 20031009）引种苗。生长快，长势好。

【物　　候】

版纳植物园 6 月上旬叶芽开放；6 月下旬开始展叶、7 月下旬展叶盛期。未见开花结果。

华南植物园 11 月上旬现花序、11 月下旬始花、12 月上旬盛花、翌年 1 月上旬开花末期。未见结果。

【迁地栽培要点】

喜阴，能耐一定光照。适合种植在疏林下土层深厚、排水良好、肥沃湿润的砂质壤土中。适时整形修剪、除草、松土，全年不施肥能生长良好。迁地栽培条件下不结实，采用扦插繁殖。未见病虫危害。

【主要用途】

植株枝叶茂盛，发枝力强，耐修剪，可用于行道、公园、庭院绿化。

88 广西密花树

Rapanea kwangsiensis Walker, J. Wash. Acad. Sci. 21(19): 479. 1931.

【自然分布】

西藏、云南、贵州、广西。生于海拔 700-1500m 的混交林下山谷、石灰岩山杂木林中。

【迁地栽培形态特征】

灌木，高 1-2m。

茎　无毛，具皮孔。

叶　革质，倒卵形，长 19-28cm，宽 7-9cm，顶端广急尖或钝，基部楔形，全缘，两面无毛，中脉于叶面平整，背面隆起，侧脉微隆起，边缘脉不明显；叶柄长 1.5-2.2cm。

花　栽培植株尚未开花。

果　栽培植株尚未结果。

【引种信息】

版纳植物园　自广西那坡引种苗（引种号 00，2002，2620）。生长中等，长势好。

华南植物园　自广西凭祥引种苗（登录号 20011536）。生长缓慢，长势好。

【物　　候】

版纳植物园　4 月中旬叶芽开放；4 月下旬开始展叶、5 月中旬展叶盛期。未见开花结果。

华南植物园　2 月上旬叶芽开放；2 月下旬展叶始期、3 月至 5 月上旬展叶盛期。未见开花。

植株

1. 叶面；2. 果；3. 植株；4. 植株

【迁地栽培要点】

喜阴，耐寒，稍耐旱，忌强光直射。适合种植在疏林下土层深厚、排水良好、肥沃湿润的砂质壤土中。全年施肥 1-2 次，并进行中耕除草等常规管理。迁地栽培条件下不结实，采用扦插繁殖。未见病虫危害。

【主要用途】

1. 根煮水服，治膀胱结石；叶治外伤；木材坚硬。
2. 植株叶片宽大厚实，极具观赏性，适合配植假山旁、角隅等处。

89 打铁树（别名：雀仔肾、柳叶密花树、钝叶密花树）

Rapanea linearis (Lour.) S. Moore, J. Bot. 63(9): 249. 1925.

【自然分布】

广东、广西、海南、贵州。越南。生于山间疏、密林下，荒坡灌丛中，海边林中。

【迁地栽培形态特征】

灌木，高 1.5–2.5m。

茎 分枝多，无毛，具突起的叶痕及皮孔。

叶 坚纸质或近革质，螺旋状排列，常聚生于枝顶端，倒卵形或倒披针形，长 3–7cm，宽 1.5–2.5cm，顶端圆形或微凹，基部楔形，全缘，两面无毛，中脉于叶面平整，背面隆起，侧脉、细脉不明显，边缘具腺点；叶柄长 5–6mm。

花 伞形花序，腋生，或数花簇生，或生于老枝叶痕上部；苞片广卵形；花梗长 2–4mm，无毛；花长 2–3mm，花萼仅基部连合，萼片长约 1mm，卵形，顶端钝，无腺点；花瓣基部连合，淡绿色，椭圆状卵形，顶端钝，具疏腺点，外面无毛，里面具乳头状突起；雄蕊着生于花冠管喉部，无花丝，花药椭圆状卵形，略小于花瓣，无腺点；雌蕊比花瓣略短，柱头极短，顶端舌状或微裂，子房卵珠形，无毛。

果 栽培植株尚未结果。

【引种信息】

华南植物园 自海南引种苗（登录号 19970662）。生长快，长势好。

【物　　候】

华南植物园 12 月上旬现花序、12 月下旬始花、翌年 1 月上旬盛花、2 月上旬开花末期。花后不结果。

植株

叶、花

1. 植株；2. 叶面；3. 叶背；4. 花特写；5. 花序

【迁地栽培要点】

喜阴，能耐一定光照。适合种植在疏林下土层深厚、排水良好、肥沃湿润的砂质壤土中。适时整形修剪、除草、松土，全年不施肥能生长良好。迁地栽培条件下不结实，采用扦插繁殖。少见病虫害。

【主要用途】

1. 叶煮水外洗，可止痒，治疗蛇伤。
2. 植株枝叶茂盛，叶片小巧整齐，耐修剪，可用于行道、公园、庭院绿化或盆栽观赏。

90 密花树（别名：打铁树、狗骨头）

Rapanea neriifolia (Sieb. et Zucc.) Mez, Pfanzenr. IV. 236(Heft 9): 361. 1902.

【自然分布】

西藏、云南、四川、贵州、广西、海南、广东、湖南、湖北、安徽、江西、浙江、福建、台湾。日本、缅甸、越南。生于海拔650-2400m混交林下、林缘、山坡、路边灌丛中。

【迁地栽培形态特征】

灌木或小乔木，高1-4m。

茎 无毛，具皱纹及皮孔，小枝纤细。

叶 革质，长圆状披针形或倒披针形，长7-17cm，宽1.5-4cm，顶端急尖、渐尖或钝，基部楔形，全缘，两面无毛，中脉于叶面微凹，背面隆起，侧脉、细脉不明显，边缘具腺点；叶柄长0.5-2cm。

花 伞形花序，腋生，或数花簇生，或生于老枝叶痕上部；苞片广卵形；花梗长2-3mm，无毛，粗壮；花长3-4mm，花萼仅基部连合，萼片长约1mm，卵形，顶端广急尖；花瓣白色或淡绿色，花时反卷，基部连合，卵形，顶端急尖，具腺点，外面无毛，里面被乳头状突起；雄蕊在雌花中退化，在雄花中着生于花冠中部，花丝极短，花药卵形，略小于花瓣，无腺点；雌蕊与花瓣等长或超过花瓣，子房卵形，无毛，花柱极短，柱头伸长，顶端扁平。

果 球形，紫黑色，直径4-5mm，具纵形腺条纹。

植株

【引种信息】

华南植物园 自广西药用植物园（登录号19840244）、广西那坡（登录号20020184）、广东英德（登录号20031369）、江西宜春（登录号20053034）、福建武平（登录号20112117）引种苗。生长快，长势好。

武汉植物园 自广西金秀大瑶山引种苗（引种号101050）。生长缓慢，长势较差。未见开花结果。

【物　　候】

华南植物园 12月中旬现花序、翌年2月上旬始花、2月中旬盛花、3月上旬开花末期；4月上旬幼果初现、10月下旬果实成熟、12月上旬果实脱落。

武汉植物园 6月上旬叶芽开放；6月

1. 叶面；2. 叶背；3. 花枝；4. 花特写；5. 幼果；6. 成熟果

下旬始展叶、7 月上旬展叶盛期。

【迁地栽培要点】

喜阴，耐寒，稍耐旱，能耐一定光照。适合种植在疏林下土层深厚、排水良好、肥沃湿润的砂质壤土中。日常管理简单，生长期不施肥也能生长很好，平时只需保证水分、适时中耕除草和修剪整形即可。采用播种繁殖，可随采随播，自播能力强。未见病虫危害。

【主要用途】

1. 根、叶可入药，具有清热利湿、凉血解毒功效，用于治疗膀胱结石、乳痈、湿疹等症；叶捣碎敷外伤。树皮鞣质含量高，约 20.11%；木材坚硬、纹理细致，耐腐蚀，具光泽，是良好的家具用材。

2. 植株株形优美，冠幅开展，枝叶茂密，是优良的观叶植物，适合在荫蔽度高的密林、立交桥下、高架桥下应用。

参 考 文 献

陈策，任安祥，王羽梅．2013．芳香药用植物．武汉：华中科技大学出版社．

陈介．1979．中国植物志．第五十八卷．北京：科学出版社．

陈景明．2001．百两金扦插试验．厦门教育学院学报，3（3）：65-68．

陈清秀，崔寿福．2007．红树林植物移植技术．福建热作科技，32（1）：22，25．

陈正学．1986．木本植物组织培养及应用．北京：高等教育出版社．

邓素芳，杨旸，赖钟雄．2011．朱砂根成年茎段的离体培养研究．福建农业学报，26（3）：365-370．

邓小梅，戴小英，万小婷．2003．紫金牛的组织培养．江西林业科技，（1）：1．

傅立国等．2003．中国高等植物．第六卷．青岛：青岛出版社．

甘炳春，李榕涛，杨新全，等．2007．海南五指山区黎族药用民族植物学研究．中国民族民间医药杂志，（87）：194-198．

高桂娟，李志丹，韩瑞宏，等．2009．桐花树研究进展．热带农业科学，27（7）：076-081．

广西药用植物园．2009．药用植物花谱 3．重庆：重庆大学出版社．

广西壮族自治区中国科学院广西植物研究所．2011．广西植物志．第三卷．广西：广西科学技术出版社．

国家中医药管理局《中华本草》编委会．1999．中华本草．第十六卷．上海：上海科技科学出版社．

胡启明．1990．中国紫金牛属新种和分类上的更动．中国科学院华南植物研究所集刊，6：26-30．

胡启明．1992．中国和越南紫金牛科植物新种及混淆种类的澄清．试刊 I：1-13．

胡启明．1995．中国紫金牛属一新种．热带亚热带植物学报，3（4）：13-16．

胡启明．1996．中南半岛紫金牛科植物志预报．热带亚热带植物学报，4（4）：1-15．

胡启明．1997．中南半岛紫金牛科植物志预报（续）．热带亚热带植物学报，5（1）：1-17．

黄美娟，刘小辉，邓娅玲，等．2007．朱砂根的组织培养和快速繁殖．植物生理学通讯，43（6）：1149-1150．

惠长敏，韩宣，等．1996．花卉繁种的问题．北方园艺，（4）：33．

江苏新医学院．1995．中药大辞典（下册）．上海：上海科学技术出版社：172-174．

姜琴，叶际库，谷勤利．2014．密花树种子的萌发特性研究．种子科技，（1）：38-40．

来国防，陈纪军，王易芬，等．2002．杜茎山属植物的研究进展．中草药，33（6）：562-563．

李景秀，管开云，杨鸿森，等．2009．云南紫金牛属植物资源调查研究．广西植物，29（2）：236 -241．

李萍萍，杨生超，曾云恒．2009．岩白菜素药源植物资源研究进展．中草药，40（9）：1500-1505．

廖宝文，郑德璋，郑松发，等．1998．红树植物桐花树育苗造林技术的研究．林业科学研究，11（5）：474-480．

林鹏程，李帅．2005．白花酸藤果化学成分的研究．中国中药杂志，30（15）：1215-1216．

林志玲．2006．酸藤果的营养和色素的研究．江西农业学报，18（3）：86．

刘岱琳，张晓明，王乃利，等．2004．紫金牛属植物中三萜皂苷类成分核磁共振波谱学特征．沈阳药科大学学报，21（5）：394-400．

刘宏涛．2005．园林花木繁育技术．沈阳：辽宁科学技术出版社．

刘华．2013．铜盆花的播种繁殖及开发利用．中国园艺文摘，（10）：144-145，155．

刘姅，李颖，郭济贤，等．1993．中国紫金牛属的分类及其岩白菜素的含量．上海医科大学学报，20（1）：49-531．

卢文杰，陈家源，金松，等．1996．块根紫金牛化学成分的研究．华西药学杂志，11（4）：226-227．

罗吉凤，程治英，龙春林．2004．虎舌红的组织培养．植物生理学通讯，40（4）：465-466．

吕惠珍，徐丽莹. 2009. 观赏植物虎舌红栽培繁育技术. 河北林业科技，(4)：132-133.
聂谷华. 2010. 观赏、生态及经济三用植物——朱砂根. 河北林业科技，(1)：104-106.
彭光天，黄上志，傅家瑞. 2003. 紫金牛属植物种子贮藏和萌发的初步研究. 中山大学学报（自然科学版），(42) 4：79-83.
深圳市仙湖植物园. 2010. 深圳植物志. 第二卷. 北京：中国林业出版社.
四川植物志编辑委员会. 1989. 四川植物志. 第六卷. 成都：四川民族出版社.
孙立炜. 2008. 九节龙化学成分和组织培养研究. 西北大学硕士学位论文.
唐宏伟，张恒辉，刘月. 2010. 紫金牛的扦插育苗技术. 林业科技开发，24 (3)：111-113.
唐天君，蒲兰香，袁小红，等. 2010. 铁仔果实中挥发油化学成分的研究. 时珍国医国药，21 (8)：1917-1918.
田建平，胡远艳，张俊清，等. 2008. 海南特有维管植物的药用资源. 海南医学院学报，14 (2)：122-124，128.
拓小瑞，王剑波. 2012. 紫金牛属植物皂苷类化学成分及其抗肿瘤作用研究进展. 西北药学杂志，27 (4)：390-394.
王荷生. 1985. 中国种子植物特有属的数量分析. 中国科学院大学学报，23 (4)：241-258.
王杰瑶，李金凤. 2009. 桐花树的育苗技术. 热带林业，37 (2)：010-011.
王军. 2010. 中国紫金牛属（紫金牛科）的系统学研究. 中国科学院华南植物园博士学位论文. 1-272.
王凌晖. 2006. 园林树种栽培养护手册. 北京：化学工业出版社.
王刘圣丹，邱丝丝，夏国华，等. 2010. 堇叶紫金牛的组织培养与快速繁殖. 植物生理学通讯，46 (6)：615-616.
吴庆书，李东海，杨泽斌，等. 2007. 海南紫金牛属植物资源及其在园林中应用的前景. 福建林业科技，(34) 3：176-180
吴庆书，林尤河，李冬梅，等. 2009. 矮紫金牛的生物学特性及其在园林中的应用. 科技创新导报，01 (b)：15-16.
吴征镒. 1965. 中国植物区系的热带亲缘. 科学通报，1:25-33.
吴征镒. 1988. 新华本草纲要. 第一册. 上海：上海科学技术出版社.
吴卓珈. 2008. 朱砂根标准化生产技术研究. 安徽农业科学，36 (4)：1428 -1430.
西藏卫生局，青海卫生局，四川卫生局，甘肃卫生局，云南卫生局，新疆卫生局. 1979. 藏药标准（第一、二分册合编本）. 西宁：青海人民出版社.
谢清华. 2013. 优良野生观赏植物密花树育苗技术. 中国林副特产，(5)：59-60.
徐祥美. 2000. 虎舌红的繁殖栽培与推广利用. 植物资源与环境学报，9 (3)：14 .
颜立红，向光锋，蒋利媛，等. 2013. 杜茎山扦插繁殖与栽培技术研究. 湖南林业科技，40 (5)：20-30.
杨妙贤，杨瑞香，许丽萍，等. 2007. 广东紫金牛科野生观赏植物资源. 中国野生植物资源，26 (4)：31-33.
杨霞，艾应伟，刘浩. 2006. 紫金牛生长土壤微生物和养分特性. 山地学报，4（增刊）：149-152.
叶才华，王清隆，晏小霞，等. 2015. 矮紫金牛扦插技术初探. 热带农业科学，35 (8)：13-15.
叶君勇，徐燕云，吴晓梅. 2009. 紫金牛属植物岩白菜素研究现状及开发利用. 安徽农学通报，15 (21)：160-162.
叶志军. 2011. 药用植物杜茎山特征特性及栽培技术. 现代农业科技，(14)：152-154.
云南省药材公司. 1993. 云南中药资源名录. 北京：科学出版社.
张芬耀，李根有. 2010. 浙江紫金牛属一新变型——黄果朱砂根 . 西北植物学报，30 (4)：0420-0421.
张涛，于永亮. 1994. 花卉组织培养概括. 河北林学院学报，(4)：358.
张文清，叶华. 2001. 闽台两地皂苷类抗癌植物. 海峡药学，13 (1)：114.
郑万钧. 2004. 中国树木志. 第四卷. 北京：中国林业出版社.
中国药材公司. 1994. 中国中药资源志要. 北京：科学出版社.
Anderberg A A. 2000. Maesaceae, a new primuloid family in the order Ericales s.l. Taxon, 49: 183-187.
Anderberg A A, Ståhl B. 1995. Phylogenetic interrelationships in the order Primulales, with special emphasis on the family circumscriptions. Canadian Journal of Botany, 73: 1699-1730.
Anderberg A A, Ståhl B, Kallersjo M. 1998. Phylogenetic relationships in the Primulales inferred from rbcL

sequence data. Plant systematics and Evolution, 211: 93-102.

Angiosperm Phylogeny Group. 2009. An update of the Angiosperm Phylogeny Group classification for the orders and families of flowering plants: APG III. Botanical Journal of Linnean Society, 161: 105-121.

Bentham G A. 1861. A description of the flowering plants and ferns of the island of Hongkong. Flora Hongkongensis: 202-208.

Bentham G A, Hooker J D. 1873. Genera plantarum ad examplaria imprimis in herbaris kewensibus serrata definite. Londini: A. Black, 639-650.

Blume C L. 1826. Myrsinaceae. Bijdragen tot de flora van Nederlandsch Indië, 13: 684-693.

Brown R. 1810. Prodromus florae novae Hollandiae et Insulae Vandiemen. Londini: typis R. Taylor et socii. 1-1169.

Candolle A D. 1834. A review of Natural Order Myrsineae. Transactions of the Linnean Society of London, 17（1）: 95-138.

Candolle A D. 1841a. Second memoire sur la famille des Myrsineacees. Annales des sciences naturelles, botanique, Paris, Ser. 2, 16: 65-97.

Candolle A D. 1841b. Troisieme memoire sur la famille des Myrsineacees. Annales des sciences naturelles, botanique, Paris, Ser. 2, 16: 1-176.

Candolle A D. 1844. Prodromus systematis naturalis regni vegetabilis, Parisii: Sumptibus Sociorum Treuttel et Wurtz. 8: 1-684.

Cronquist A. 1981. An intergrated system of classification of flowering plants. New York: Columbia University Press.

Chen C, Pipoly J.J. Ⅲ. 1996. Myrsinaceae. In Wu Z Y, Raven P H. Flora of China vol. 15: Science Press, 1-38.

Clarke C B. 1882. Myrsineae. In Hooker J, D. Flora of British India. London: L. Reeve and Co., 5 Henrietta Street, Coevent Garden, 3: 507-534.

Engler A. 1964. Syllabus de Pflanzenfamilien, Borntraeger, Berlin, 12: 499-512.

Forbes F B, Hemsley W B. 1889. An enumeration of all the plants known from China proper, Formosa, Hainan, Corea, the Luchu Archipelago, and the Island of Hongkong, together with their distribution and synonymy. Journal of the Linnean Society of Botany, 1: 59-67.

Fujioka M, Koda S, Morimoto Y, et al. 1988. Structure of FR900359 a cyclic depsipptide from *Ardisia crenata* Sims. J Org Chem, 53（12）: 2820-2825.

Germonprez, Luc Van Puyvelde, Louis Maes et al. 2004. New pentacyclic triterpene saponins with strong anti-leishmanial activity from the leaves of *Maesa balansae*. Tetrahedron, 60: 219-228.

Goo D H, Kwon O K, Lee Y R, et al. 2008. Micropropagation of *Ardisia pusilla* and *Ardisia japonica* in vitro. ActaHort（ISHS）, 766: 237-242.

Handel-Mazzetti H. 1936. Myrsinaceae. Symbolae Sinicae, 7（4）: 754-760.

Hu C M. 1996. Flora of Thailand. vol. 6, part 2. Myrsinaceae. Bangkok: The Forest Herbarium, Royal Forest Department: 81-178.

Hu C M. 2007. Myrsinaceae. In Hu C M, Wu D L. Flora of Hong Kong, vol. 1. Argriculture, Fisheries and Conservation Department Government of the Hong Kong Special Administrativee Region. Hongkong.: 295-305.

Hu C M, Vidal J E. 2004. Flore du Cambodge du Laos et du Viétnam. vol. 32. Myrsinaceae. Paris: Muséum National D' Histoire Naturelle: 1-228.

Hutchinson J. 1959. The families of Flowering Plants. Dicotyledons 1, Clarendon Press, Oxford, :345-348.

Janssonius H H. 1920. Mikrographie des Holezes der auf Java vorkommenden Baumarten. Leiden: 4.

Jussieu A L D. 1810. Memoire sur les genres de plantes a ajouter ou retranches aux families des Solanees, Borraginees, Convolvulacees, Plolemoniacees, Bignoniees, Apocinees, Sapotees et Ardisacees. Annales des Science naturelles（Paris）, 15: 336-356.

Kang Y H, Kim W H, Park M K, et al. 2001. Antimetastatic and antitumor effects of benzo_quinonoid AC7_1 from Ardisiacrispa. Int J Cancer, 93（5）: 736-740.

Kobayashi H. and Mejia E. 2005. The genus Ardisia: A novel source of health-promoting compounds and phytopharmaceuticals.

Leveille H. 1911. Decades plantarum novarum. Feddes Repertorium specierum novarum regni vegetabilis, 9（222/226）: 441-463.

Mez C. 1902. Myrsinaceae. In Engler, Das Pflanzenreich, 9（IV.236）: 1-437.

Morales J F. 1998. Una nueva especie y seis nuevas combinaciones en la Myrsinaceae de Costa Rica y Panamá. Phytologia, 83: 109-112.

Morton C M, et al. 1996. A molecular evaluation of the monophyly of the order Ebenales based upon *rbc*L sequence data. Systematic Botany, 21: 567-586.

Nakai T. 1941. A lecture on the phylogeny of Japanese Ardisiaceae. The Botanical Magazine（Tokyo）, 55（659）: 521-528.

Pax F. 1891. Myrsinaceae. In Engler and Prantl, Die naturlichen Pflanzenfamilien. Engelmann, Leipzig, Germany, 4（1）: 84-97.

Pipoly J J. 1991. Notas sobre el genero *Ardisia* Swartz en Colombia. Caldasia, 16: 277-284.

Pipoly J J, Chen C. 1995. Nomenclatural notes on the Myrsinaceae of China. Novon,（5）: 357-361.

Pipoly J J, Ricketson J M. 1998a. A revision of the genus *Ardisia* subgenus *Graphardisia*（Myrsinaceae）. Sida, 18（2）: 433-472.

Pipoly J J, Ricketson J M. 1998b. New name and combinations in neotropical Myrsinaceae. Sida, 18（2）: 503-517.

Pipoly J J, Ricketson J M. 1999a. Discovery of the Indio-Malesian genus *Hymenandra*（Myrsinaceae）in the neotropics, and its boreotropical implications. Sida, 18（3）: 701-746.

Pipoly J J, Ricketson J M. 1999b. Additions to the genus *Ardisia* subgenus *Graphardisia*（Myrsinaceae）. Sida, 18（4）: 1145-1160.

Pipoly J J, Ricketson J M. 1999c. Novelties in the Myrsinaceae from the Venezuelan Guayana. Sida, 18（4）: 1167-1174.

Pipoly J J, Ricketson J M. 2005. New species and nomenclatural notes in Mesoamerican *Ardisia*（Myrsinaceae）. Novon, 15: 190-201.

Pitard J. 1930. Myrsinaceae. In Lecomte H., Flore Générale de l'Indo-Chine, 3: 803-875.

Ricketson J M, Pipoly J J. 1997a. A synopsis of the genus *Gentlea*（Myrsinaceae）and a key to the genera of Myrsinaceae in Mesoamerica. Sida, 17（4）: 697-707.

Ricketson J M, Pipoly J J. 1997b. Nomenclatural notes and a synopsis of the genus *Myrsine*（Myrsinaceae）in Mesoamerican. Sida, 17（3）: 579-589.

Ricketson J M, Pipoly J J. 1997c. Nomenclatural notes and a synopsis of Mesoamerican *Stylogyne*（Myrsinaceae）. Sida, 17（3）: 591-597.

Ricketson J M, Pipoly J J. 1997d. Notes on neotropical Parathesis（Myrsinaceae）. Novon, 7（4）: 398-405.

Ricketson J M, Pipoly J J. 1999a. *Myrsine luae*（Myrsinaceae）, a new species from Brazil. Sida, 18（3）: 747-750.

Ricketson J M, Pipoly J J. 1999b. The genus *Myrsine*（Myrsinaceae）in Venezuela. Sida, 18（4）: 1095-1144.

Ricketson J M. Pipoly J J. 2003. Revision of *Ardisia* subgenus *Auriculardisia*（Myrsinaceae）. Annals of the Missouri Botanical Garden, 90: 179-317.

Stone B C. 1982. New and noteworthy Malaysian Myrsinaceae, I. The Malaysian Forester, 45（1）: 101-121.

Stone B C. 1989. New and noteworthy Malesian Myrsinaceae, III. On the Genus *Ardisia* Sw. in Borneo. Proceedings of the Academy of Natural Sciences of Philadelphia, 141: 263-306.

Stone B C. 1990. Studies in Malesian Myrsianceae, V. Additional new species of *Ardisia* Sw. Proceedings of the Academy of Natural Sciences of Philadelphia, 142: 21-58.

Takhtajan A.L. 1981. Doi song thuc vat. 5(2): 106-108. Leningad. (in Russian).

Takhtajan A.L. 1997. Diversity and classification of flowering plants. New York.

Wight R. 1850. Icones Plantarum Indiae Orientalis. Madras: 137-140.

Walker E H. 1940. A revision of the eastern Asiatic Myrsinaceae. The Philippine Journal of Science, 73 (1-2): 1-258.

Yang Y P. 1987. Systematics of subgenus *Bladhia* of *Ardisia* (Myrsinaceae). Ph.D. Thesis of the Biology Dept. of the Saint Louis University: 38-47.

Yang Y P. 1989. Short comments on *Ardisia* (Myrsinaceae) of eastern Asia. Botanical Bulletin of Academia Sinica (Taiwan), 30: 297-298.

Yang Y P. 1999. An enumeration of Myrsinaceae of Taiwan. Botanical Bulletin of Academia Sinica (Taiwan), 40: 39-47.

Yang Y P, Dwyer J D. 1989. Taxonomy of Subgenus *Bladhia* of *Ardisia* (Myrsinaceae). Taiwania, 34 (2): 192-298.

附录 1　各有关植物园栽培紫金牛科植物种类统计表

序号	中文名	拉丁学名	版纳园	华南园	昆明园	桂林园	峨眉山	武汉园
1	蜡烛果	*Aegiceras corniculatum*（L.）Blanco		1				
2	细罗伞	*Ardisia affinis* Hemsl.		1		1		
3	少年红	*Ardisia alyxiifolia* Tsiang ex C. Chen		1		1		
4	五花紫金牛	*Ardisia argenticaulis* Y.P. Yang		1		1		
5	束花紫金牛	*Ardisia balansana* Y.P. Yang		1				
6	九管血	*Ardisia brevicaulis* Diels		1		1	1	
7	凹脉紫金牛	*Ardisia brunnescens* Walker	1	1		1		1
8	肉茎紫金牛	*Ardisia carnosicaulis* C. Chen & D. Fang				1		
9	尾叶紫金牛	*Ardisia caudata* Hemsl.					1	1
10	伞形紫金牛	*Ardisia corymbifera* Mez		1		1		
11	小紫金牛	*Ardisia chinensis* Benth.		1		1		1
12	粗脉紫金牛	*Ardisia crassinervosa* Walker		1				
13	肉根紫金牛	*Ardisia crassirhiza* Z.X. Li & F.W. Xing ex C.M. Hu		1				
14	硃砂根	*Ardisia crenata* Sims	1	1		1	1	1
15	百两金	*Ardisia crispa*（Thunb.）A. DC.		1		1	1	1
16	粗茎紫金牛	*Ardisia dasyrhizomatica* C.Y. Wu & C. Chen		1				
17	密鳞紫金牛	*Ardisia densilepidotula* Merr.	1	1				
18	圆果罗伞	*Ardisia depressa* C.B. Clarke	1	1		1		1
19	东方紫金牛	*Ardisia elliptica* Thunb.		1				1
20	剑叶紫金牛	*Ardisia ensifolia* Walker		1		1	1	1
21	月月红	*Ardisia faberi* Hemsl.		1		1	1	1
22	狭叶紫金牛	*Ardisia filiformis* Walker				1		
23	灰色紫金牛	*Ardisia fordii* Hemsl.		1		1		
24	小乔木紫金牛	*Ardisia garrettii* H.R. Fletcher	1	1				

续表

序号	中文名	拉丁学名	版纳园	华南园	昆明园	桂林园	峨眉山	武汉园
25	走马胎	*Ardisia gigantifolia* Stapf	1	1		1		1
26	大罗伞树	*Ardisia hanceana* Mez	1	1		1		
27	锈毛紫金牛	*Ardisia helferiana* Kurz	1					
28	矮紫金牛	*Ardisia humilis* Vahl	1	1		1		
29	柳叶紫金牛	*Ardisia hypargyrea* C.Y. Wu & C. Chen					1	
30	紫金牛	*Ardisia japonica*（Thunb.）Bl.		1		1	1	1
31	岭南紫金牛	*Ardisia linangensis* C.M. Hu				1	1	
32	山血丹	*Ardisia lindleyana* D. Dietr.		1		1		
33	心叶紫金牛	*Ardisia maclurei* Merr.		1		1		
34	虎舌红	*Ardisia mamillata* Hance		1		1	1	
35	白花紫金牛	*Ardisia merrillii* Walker	1	1		1		
36	星毛紫金牛	*Ardisia nigropilosa* Pit.	1	1				
37	铜盆花	*Ardisia obtusa* Mez		1				
38	光萼紫金牛	*Ardisia omissa* C.M. Hu		1		1		
39	矮短紫金牛	*Ardisia pedalis* Walker		1				
40	花脉紫金牛	*Ardisia perreticulata* C. Chen				1		
41	钮子果	*Ardisia polysticta* Miq.	1	1		1		
42	莲座紫金牛	*Ardisia primulifolia* Gardn. & Champ.		1		1		
43	块根紫金牛	*Ardisia pseudocrispa* Pit.				1		
44	总序紫金牛	*Ardisia pubicalyx* var. *collinsiae*（H.R. Fletcher）C.M. Hu	1	1				
45	毛脉紫金牛	*Ardisia pubivenula* Walker		1				
46	紫脉紫金牛	*Ardisia purpureovillosa* C.Y. Wu & C. Chen ex C.M. Hu		1		1		
47	九节龙	*Ardisia pusilla* A. DC.		1		1	1	1
48	罗伞树	*Ardisia quinquegona* Bl.		1		1		1
49	短柄紫金牛	*Ardisia ramondiiformis* Pit.		1				

续表

序号	中文名	拉丁学名	版纳园	华南园	昆明园	桂林园	峨眉山	武汉园
50	卷边紫金牛	*Ardisia replicata* Walker				1		
51	红茎紫金牛	*Ardisia rubricaulis* S.Z. Mao & C.M. Hu				1		
52	梯脉紫金牛	*Ardisia scalarinervis* Walker	1					
53	多枝紫金牛	*Ardisia sieboldii* Miq.		1		1		
54	酸苔菜	*Ardisia solanacea* Roxb.	1	1				
55	南方紫金牛	*Ardisia thyrsiflora* D. Don		1		1		
56	防城紫金牛	*Ardisia tsangii* Walker		1		1		
57	长毛紫金牛	*Ardisia verbascifolia* Mez		1				
58	雪下红	*Ardisia villosa* Roxb.	1	1		1		
59	越南紫金牛	*Ardisia waitakii* C.M. Hu		1				1
60	多花酸藤子	*Embelia floribunda* Wall.			1			
61	酸藤子	*Embelia laeta*（L.）Mez		1				
62	多脉酸藤子	*Embelia oblongifolia* Hemsl.		1				
63	当归藤	*Embelia parviflora* Wall.	1	1				
64	白花酸藤果	*Embelia ribes* Burm. f.		1				
65	瘤皮孔酸藤子	*Embelia scandens*（Lour.）Mez	1	1				
66	大叶酸藤子	*Embelia subcoriacea*（C.B. Clarke）Mez	1					
67	平叶酸藤子	*Embelia undulata*（Wall.）Mez	1	1				
68	顶花杜茎山	*Maesa balansae* Mez	1	1				
69	短序杜茎山	*Maesa brevipaniculata*（C.Y. Wu & C. Chen）Pipoly & C. Chen		1				1
70	密腺杜茎山	*Maesa chisia* Buch.-Ham. ex D. Don	1					
71	紊纹杜茎山	*Maesa confusa*（C.M. Hu）Pipoly & C. Chen		1				
72	拟杜茎山	*Maesa consanguinea* Merr.		1				
73	湖北杜茎山	*Maesa hupehensis* Rehd.					1	
74	包疮叶	*Maesa indica*（Roxb.）A. DC.	1	1				

续表

序号	中文名	拉丁学名	版纳园	华南园	昆明园	桂林园	峨眉山	武汉园
75	毛穗杜茎山	*Maesa insignis* Chun		1				
76	杜茎山	*Maesa japonica* (Thunb.) Moritzi & Zoll.		1				1
77	薄叶杜茎山	*Maesa macilentoides* C. Chen		1				
78	腺叶杜茎山	Maesa membranacea A. DC.	1					
79	金珠柳	*Maesa montana* A. DC.	1	1				1
80	鲫鱼胆	*Maesa perlarius* (Lour.) Merr.	1	1				
81	毛杜茎山	*Maesa permollis* Kurz		1				
82	秤杆树	*Maesa ramentacea* (Roxb.) A. DC.	1					
83	网脉杜茎山	*Maesa reticulata* C.Y. Wu		1				
84	柳叶杜茎山	*Maesa salicifolia* Walker		1				
85	铁仔	*Myrsine africana* L.		1	1		1	1
86	针齿铁仔	*Myrsine semiserrata* Wall.		1				1
87	平叶密花树	*Rapanea faberi* Mez	1	1				
88	广西密花树	*Rapanea kwangsiensis* Walker	1	1				
89	打铁树	*Rapanea linearis* (Lour.) S. Moore	1	1				
90	密花树	*Rapanea neriifolia* (Sieb. et Zucc.) Mez		1				1

注：华南植物园 6 属 73 种、版纳植物园 5 属 30 种、桂林植物园 1 属 38 种、武汉植物园 4 属 20 种、峨眉山生物站 3 属 13 种、昆明植物园 2 属 2 种。

附录 2　各有关植物园的地理位置和自然环境

中国科学院西双版纳热带植物园

版纳植物园位于云南省南部的勐腊县勐仑镇，地处北纬 21° 25′，东经 101° 41′；海拔 570m 的低山台地，地带性植被为热带雨林和季雨林，属热带季风气候，雨季多雨而潮湿，旱季干旱少雨，年平均气温 21.4℃，最高温度 38−40℃，极端最低温度 3−5℃，平均气温 21.4℃，大于 10℃的积温 7860℃，年平均降雨 1560mm，年蒸发量 1384.5mm，雨量集中于雨季 5−10 月，11 月至翌年 4 月为旱季；干湿明显，相对湿度 85%，枯枝落叶层较薄，土壤为砖红壤，有机质 3.7%−0.95%，含氮量 0.3%−0.09%，速效磷 2.53mg/kg 土，速效钾 39.4mg/kg 土，pH 4.2−5.3。

中国科学院华南植物园

华南植物园位于广州东北部，地处北纬 23° 10′，东经 113° 21′，海拔 24−130m 的低丘陵台地，地带性植被为南亚热带季风常绿阔叶林，属南亚热带季风湿润气候，夏季炎热而潮湿，秋冬温暖而干旱，年平均温度 20−22℃，极端最高温度 38℃，极端最低温度 0.4−0.8℃，1 月平均气温 0.3−12.6℃，7 月平均气温 29℃，冬季几乎无霜冻。大于 10℃年积温 6400−6500℃，年平均降雨量 1600−2000mm，年蒸发量 1783mm，雨量集中于 5−9 月，10 月至翌年 4 月为旱季；干湿明显，相对湿度 80%。枯枝落叶层较薄，土壤为花岗岩发育而成的赤红壤，沙质中壤，有机质 2.1%−0.6%，含氮量 0.068%，速效磷 0.03mg /100g 土，速效钾 2.1−3.6mg /100g 土，pH 4.6−5.3。

中国科学院昆明植物研究所

昆明植物研究所位于昆明北郊黑龙潭风景区，地处北纬 25° 01′，东经 102° 41′，海拔 1990m，地带性植被为西部（半湿润）常绿阔叶林，属亚热带高原季风气候。年平均气温 14.7℃，极端最高温度 33℃，极端最低温度−5.4℃，最冷月（1 月、12 月）月均温 7.3−8.3℃，年平均日照数 2470.3h，年平均降水量 1006.5mm，12 月至 4 月（干季）降水量为全年的 10% 左右，年平均蒸发量 1870.6mm（最大蒸发量出现在 3−4 月），年平均相对湿度 73%。土壤为第三纪古红层和玄武岩发育的山地红壤，有机质及氮磷钾的含量低，pH 4.9−6.6。

广西壮族自治区中国科学院广西植物研究所

广西植物研究所位于广西桂林雁山，地处北纬 25° 11′，东经 110° 12′，海拔约 150m，地带性植被为南亚热带季风常绿阔叶林，属中亚热带季风气候。年平均气温 19.2℃，最冷月（1 月）平均气温 8.4℃，最热月（7 月）平均气温 28.4℃，极端最高气温 40℃，极端最低气温−6℃，≥ 10℃的年积温 5955.3℃。冬季有霜冻，有霜期平均 6−8 天，偶降雪。年平均降雨量 1865.7mm，主要集中在 4−8 月，占全年降雨量 73%，冬季雨量较少，干湿交替明显，年平均相对湿度 78%，土壤为砂页岩发育而成的酸性红壤，pH5.0−6.0。0−35cm 的土壤营养成分含量：有机碳 0.6631%，有机质 1.1431%，全氮 0.1175%，全磷 0.1131%，全钾 3.0661%。

中国四川省自然资源科学研究院峨眉山生物站

峨眉山生物站位于四川盆地西南边缘的峨眉山中低山区的万年寺停车场东侧，地处北纬29° 35′，东经103° 22′，海拔800m的山坡地，平均坡度为20℃左右，地带性植被为中亚热带常绿阔叶林，属中亚热带季风型湿润气候，夏季温暖潮湿，秋冬寒冷多雾，年平均温度16℃，极端最高温度34.2℃，极端最低温度−2℃，1月平均气温4.4℃，7月平均气温23.6℃，冬季几乎无霜冻。年降雨量1750mm，雨量集中于8–9月；年蒸发量1583mm，年平均相对湿度大于80%，土壤为山地黄壤，pH 5.5–6.5。

中国科学院武汉植物园

武汉植物园位于武汉市东部东湖湖畔，地处北纬30° 32′，东经114° 24′，海拔22m的平原，地带性植被为中亚热带常绿阔叶林，属北亚热带季风性湿润气候，雨量充沛，日照充足，夏季酷热，冬季寒冷，年平均温度15.8–17.5℃，极端最高温度44.5℃，极端最低温度−18.1℃，1月平均气温3.1–3.9℃，7月平均气温28.7℃，冬季有霜冻。活动积温5000–5300℃，年降雨量1050–1200mm，年蒸发量1500mm，雨量集中于4–6月，夏季酷热少雨，年平均相对湿度75%。枯枝落叶层较厚，土壤为湖滨沉积物上发育的中性黏土，有机质2.9%–0.8%，含氮量0.053%，速效磷0.58mg /100g土，速效钾6.1–10mg /100g土，pH4.3–5.0。

中文名索引

拉丁名索引

致　　谢

本书在编写过程中得到了多家单位的高度重视和大力支持以及植物学专家的审核，并得到国家科技部基础性工作专项“植物园迁地保护植物编目及信息标准化（2009FY120200）”和“植物园迁地栽培植物志编撰（2015FY210100）”的资助。

本书的出版承蒙以下单位及专家的大力支持

主持单位：

中国科学院华南植物园

参加单位：

中国科学院华南植物园
中国科学院西双版纳热带植物园
广西壮族自治区中国科学院广西植物研究所
四川省自然资源科学研究院峨眉山生物站
中国科学院武汉植物园
中国科学院昆明植物园
中国热带农业科学院热带生物技术研究所

为本书提供支持和帮助的单位及个人

中国科学院华南植物园： 廖景平　张　征　湛青青　杨镇明　翁楚雄　陈　玲　陈新兰　谢思明　黄逸斌
中国科学院西双版纳热带植物园： 施济普　胡建湘　苏艳萍　许又凯
广西壮族自治区中国科学院广西植物研究所： 周太久
中国科学院武汉植物园： 吴金清
中国科学院昆明植物园： 孙卫邦　龚　洵　刘　健　王世琮
在此，谨对所有支持、帮助本书撰写的同志和单位表示最衷心的感谢！